听专家田间讲课

CAITUBAN
PUTAO 6YE JIANSHAO
2YA DONGJIAN
PEITAO ZAIPEI XIN JISHU

彩图版
葡萄6叶剪梢2芽冬剪
配套栽培新技术

杨治元　王其松　陈　哲　编著

中国农业出版社

出版说明

　　保障国家粮食安全和实现农业现代化，最终还是要靠农民掌握科学技术的能力和水平。为了提高我国农民的科技水平和生产技能，向农民讲解最基本、最实用、最可操作、最适合农民文化程度、最易于农民掌握的种植业科学知识和技术方法，解决农民在生产中遇到的技术难题，中国农业出版社编辑出版了这套"听专家田间讲课"丛书。

　　把课堂从教室搬到田间，不是我们的最终目的，我们只是想架起专家与农民之间知识和技术传播的桥梁；也许明天会有越来越多的我们的读者走进校园，在教室里聆听教授讲课，接受更系统、更专业的农业生产知识与技术，但是"田间课堂"所讲授的内容，可能会给读者留下些许有用的启示。因为，她更像是一张张贴在村口和地头的明白纸，让你一看就懂，一学就会。

　　本套丛书选取粮食作物、经济作物、蔬菜和果树等作物种类，一本书讲解一种作物或一种技能。作者站在生产者的角度，结合自己教学、培训和技术推广的实践经验，一方面针对农业生产的现实意义介绍高产栽培方法和标准化生产技术，另一方面考虑到农民种田收入不高的实际问题，提出提高生产效益的有效方法。同时，为了便于读者阅读和掌握书中讲解的内容，我们采取了两种出版形式，一种是图文对照的彩图版图书，另一种是以文字为主、插图为辅的袖珍版口袋书，力求满足从事农业生产和一线技术推广的广大从业者多方面的需求。

期待更多的农民朋友走进我们的田间课堂。

2016年6月

前言

一、为什么要编著出版这本书

笔者在30年指导葡萄生产实践中，深深感到蔓叶管理在葡萄周年管理中占有重要地位，关系到葡萄产量的稳定性，关系到葡萄果实品质的好与坏，关系到葡萄病害发生的轻与重，关系到用工成本的高与低。

笔者从20世纪90年代开始，在20多年里到过全国25个省、自治区、直辖市考察葡萄园，发现蔓叶管理中存在不少问题。

1. 蔓叶管理不规范，产量不稳定　调查到一些葡萄产区产量不稳，出现大小年。南方一些红地球葡萄产区花芽分化不好，产量偏低。分析原因主要是蔓叶管理不规范。超量定梢，南方667米^{2}定梢量超过4 000条，单蔓营养不良，枝蔓偏细，花芽分化不好。红地球、美人指等品种在南方花芽分化不稳定的地区种植，参照北方栽培模式放长梢摘心，导致花芽分化不好，产量不稳。少数园冬剪留枝量、留芽量偏少，导致花量偏少，产量偏低。南方缺乏2芽冬剪经验进行2芽冬剪，导致花序少、花序小，甚至全园无花序等。

2. 蔓叶管理不规范，果实质量较差　从全国看，优质、精品果占的比例不多，"大路货"果占的比例很多，原因之一蔓叶管理不规范，超量定梢，花、穗受光少，果实着色差。不少园定梢量偏少，全园叶片数

偏少，叶面积指数较低，光合产物积累较少，影响果实膨大和果实品质。

3. 蔓叶管理不规范，病害发生、为害较重　葡萄主要真菌病害发生、为害轻重与葡萄园通风透光程度关系密切。超量定梢的园，缚梢、剪梢、副梢处理不及时的园，通风透光差，病害发生早，为害重。

4. 蔓叶管理不规范，管理用工较多、成本较高　葡萄是管理用工最多的果树，葡萄管理较到位的园一年中要干40多次活，蔓叶管理用工占全年用工比例较大。种植面积较大的园，主要雇临时工干活，且以50岁以上的老人为主，工效较低，而工资却年年上涨。如浙江省杭州市富阳区陆永水园，2015年临工日工资：男工200元，女工150元。蔓叶管理不规范、不及时的园，往往用工量较多，工本较高。既要种出优质果又要降低管理用工，尤其是降低蔓叶管理用工，关系到种葡萄的效益。

浙江省海盐县农业科学研究所在葡萄种植实践中，针对葡萄蔓叶管理存在的问题，从2003年开始研究调整蔓叶管理技术。如第1次剪梢期从开始开花期调整为开始开花前15天左右，剪梢节位从11叶左右调整为8叶左右，较好地解决了美人指葡萄花芽分化不稳定的问题，在生产上应用效果较好，提出了"8叶+3叶剪梢+4叶摘心"的栽培模式在生产上推广，编著出版了《葡萄蔓叶果数字化生产技术》一书。

笔者年年外出考察葡萄，看到北方很多葡萄园采用2芽冬剪，南方也有一些园采用2芽冬剪，花芽分化较好，产量较稳定。2芽冬剪是一项省工栽培技术。实验园于2009年先在花芽分化较稳定的品种上小面积实践，结果花芽分化较好，产量较稳定。2010年扩大试验品种，花芽分化不稳定的欧亚种美人指、红地球葡萄也采用2芽冬剪。试验中发现美人指、红地球葡萄8叶剪梢2芽冬剪花量不很稳定，调整为6叶剪梢2芽冬剪，花芽分化较稳定。实验园从2013年开始各品种全部采用6叶剪梢2芽冬剪。2014年、2015年实验园20个不同类型的葡萄品种均采用6叶剪梢2芽冬剪，均表现有较多的花序，实现稳产。6叶剪梢2芽冬剪技术研究获得成功。

2010年以来关注生产园6叶剪梢2芽冬剪情况，第一次6叶剪梢的园各品种花芽分化均较好。2芽冬剪，配套技术应用较好的园有较多的花序，配套技术应用不好的园则花量不够。调查发现浙江、江苏、安徽3省9块葡萄园，6叶剪梢2芽冬剪配套技术应用较好，实现了稳产、优质、高效。表明6叶剪梢2芽冬剪可应用于生产上。

葡萄6叶剪梢2芽（底芽+1芽）冬剪，是葡萄蔓叶数字化管理技术的创新，是稳产、优质、省工栽培的新技术。

为推广葡萄6叶剪梢2芽冬剪新技术，特编著本书。

二、本书主要内容

本书内容较集中，重点介绍夏季第1次6叶剪梢+冬季2芽修剪两项技术及其配套技术。

葡萄第1次6叶剪梢是葡萄各品种促花芽分化的关键技术，可单项技术应用于生产。

葡萄2芽冬剪是葡萄省工栽培的重要措施。要与第1次6叶剪梢等多项技术配合，才能保证有较多的花量，否则花量不够影响产量。

本书的重点：以第1次6叶剪梢为基础，2芽冬剪技术配套，保证2芽冬剪有较多的花量，才能应用于生产。

为使读者较全面了解第1次6叶剪梢+2芽冬剪新技术，本书重点介绍以下内容：

（1）蔓叶管理存在主要问题：经多年调查综合，夏季蔓叶管理存在12个问题，冬季修剪存在10个问题。存在这些问题的园，会导致产量不稳，果实质量较差，病害发生、为害较重，管理用工较多。

（2）实验园第1次6叶剪梢、2芽冬剪研究、实践情况。

（3）第1次6叶剪梢促花芽分化的效果。

（4）实验园和生产园第1次6叶剪梢、2芽冬剪花量和产量、果实质量情况调查。

（5）葡萄花芽分化：葡萄2芽冬剪遇到的主要问题是花量和稳产性。2芽冬剪如何保证有较多的花序，实现连年稳产，就要了解葡萄花芽分化相关知识和促花芽分化关键技术。因此，本书特介绍葡萄花芽分化有关知识和技术，包括葡萄花芽分化两个阶段、影响葡萄花芽分化因子，以及与花芽分化关系密切的栽培技术。

（6）促葡萄花芽分化三项配套技术：一是以6叶左右剪梢为主的蔓叶数字化管理；二是设施栽培调控好棚温，防好高温热害；三是增加树体秋季营养积累等。

（7）葡萄2芽冬剪配套技术：包括2芽冬剪优越性，2芽冬剪可应用的品种，2芽冬剪园的条件，2芽冬剪留枝量、冬剪节位和注意事项，结果部位上升后的冬剪等。

2芽冬剪6项条件：6叶左右及时剪梢的园可以搞；8叶以上剪梢的园不宜搞。设施栽培调控好棚温的园可以搞；受过高温热害的园不宜搞。适产栽培的园可以搞；超高产栽培的园不宜搞。秋叶保好，秋季生长正常的园可以搞；秋叶早落，秋季生长不好的园不宜搞。新梢径粗0.9厘米左右，全园新梢粗度相似的园可以搞；新梢径粗1厘米以上的园，全园新梢粗细不均的园不宜搞。V形架结果母枝水平弯缚在底层拉丝上规范的园可以搞，结果母枝弯缚在底层拉丝上不规范的园不宜搞。其中一项条件不具备就不宜搞2芽冬剪。

（8）大棚栽培相关技术：包括双膜栽培、单膜栽培适时封膜期、揭内膜期、揭围膜期、揭顶膜期、棚膜管理等。

（9）已萌芽和新梢生长期冻害发生与防止："霸王级"超强寒

潮2016年1月23日袭击浙江及南方各地，断崖式降温，最低气温降至极值或接近极值，浙江大棚葡萄已萌芽和新梢生长的园极易受冻害。浙江嘉兴地区在 −10 ～ −8℃的低温条件下防好冻害，技术有创新，积累了较丰富的防冻害经验。这一技术经验已编入大棚栽培相关技术部分。

（10）巨峰系葡萄2芽冬剪要采用保果栽培：2芽冬剪的园各品种发出新梢均较粗，长势均较旺，坐果均较差。对坐果较好的多数欧亚品种和部分欧美品种不影响果穗质量，还可减少疏果用工；对多数坐果较差的巨峰系品种，采用2芽冬剪要应用保果栽培技术，否则坐果不好会影响果穗质量。本书在葡萄2芽冬剪配套技术这一节中，较详细地介绍了巨峰系主要品种保果、增大技术，主要是用好保果剂和果实膨大剂。

（11）6叶剪梢架式选择和葡萄架结构：多数品种大棚栽培，6叶节位剪梢时新梢长25 ～ 30厘米，选用架式要适应6叶剪梢。实践表明，V形水平架、H型V形水平架适合6叶剪梢2芽冬剪。双十字V形架，不适合6叶剪梢2芽冬剪，要改为V形水平架。不适合6叶剪梢的架式结构要作适当调整。书中较详细介绍适用的两种架式和改架、调整架式结构的方法。

（12）葡萄溢糖性霉斑病、葡萄溃疡病、黑刺粉虱三种病虫害：笔者编著的《彩图版222种葡萄病虫害识别与防治》已由中国农业出版社出版，葡萄溢糖性霉斑病、葡萄溃疡病、黑刺粉虱三种病虫害未编入，现编入本书作为补编，列入第八章。

三、原色彩照来源

本书是彩图版，共选用了彩照862幅。2013年开始调整第1次剪梢时期与节位，拍摄照片，一直至本书编著好。因此，本书照片以自行拍摄为主，共847张。选用了云南建水肖俊提供的3幅照片，上海浦东张宝明提供的2幅照片，安徽无为朱嗣军提供的2幅照片。

三种病虫害选用了晁无疾、孔繁芳等两位的照片8幅，线条图5幅。

向提供照片的专家、葡萄种植者表示感谢！

本书由杨治元主笔编著，王其松、陈哲参编。

笔者才疏学浅，水平有限，书中不妥之处恳请专家、学者、读者不吝赐教！

编著者

2016年8月于浙江海盐

杨治元通信地址：浙江省海盐县农业科学研究所

　　　　　　　　　　浙江省海盐县武原镇（县城镇）三角子路17号

邮编：314300

杨治元电话：13706838379

目　录

第一章
南方葡萄蔓叶管理和冬剪存在问题

笔者到南方多数葡萄产区考察过，现将南方葡萄产区蔓叶管理和冬剪存在的问题做如下综合分析。

一、蔓叶管理存在的问题

（一）南方结果母枝不使用破眠剂——石灰氮、氢氨

据研究，葡萄冬季需经7.2℃以下低温1 000～1 500小时才能完成休眠，才能正常萌芽，萌芽较整齐。

由于整个南方冬季低温量不足，萌芽率较低，萌芽不整齐，影响花量。因此，南方葡萄各个品种、各种栽培方式，包括大棚栽培、避雨栽培、露地栽培均需应用破眠剂，使萌芽整齐，提高萌芽率。

调查中发现，露地栽培不用破眠剂的园较多，避雨栽培不用破眠剂的园较少，大棚栽培不用破眠剂的园也有。不用破眠剂的园萌芽不整齐，萌芽率较低，影响结果枝率和花量。

浙江嘉兴秀洲区陈方明园：醉金香葡萄双膜覆盖，左边不用催眠剂，芽尚未萌发（2012.3）

安徽宣城藤稔葡萄露地栽培，5芽冬剪，没有用石灰氮涂结果母枝，仅发出顶端一个芽（2010.5.26）

（二）第一次摘心较晚，节位较高

南方多数葡萄产区，第一次摘心在开始开花前，有的开花期摘心，摘心节位多数11～12节。

11叶第一次摘心，花芽分化较好的巨峰系品种，在设施栽培条件下双花率较低，花序较小。管理较粗放的园花量不够，影响产量。

花芽分化不稳定的红地球、美人指等葡萄，花芽分化较差，结果枝率较低，产量不稳定。

浙江海盐金利明园：红地球葡萄，2012年进行开花后13片叶剪梢试验（2012.5.23）

浙江海盐金利明园：红地球葡萄13片叶剪梢试验株，2013年每米3.2个花（2013.4.8）

浙江海盐武原君堂村：红地球葡萄，2011年开始开花12叶摘心，2012年每亩90个花序（2012.6.4）

浙江海盐武原许海明园：红地球葡萄，2012年开始开花12叶摘心，2013年每株仅4个花序（2013.4.4）

浙江桐乡龙翔街道：20亩红地球葡萄避雨栽培，2013年开始开花11叶摘心，2014年每亩200个花（2014.4.24）

浙江龙游徐善根园：红地球葡萄避雨栽培，2011年开始开花12叶摘心，2012年基本无花（2014.4.24）

四川营山东升镇农业公司：红地球葡萄避雨栽培，2009年开始开花11叶摘心，2010年基本无花

四川营山东升镇农业公司：美人指葡萄避雨栽培，2009年开始开花11叶摘心，2010年基本无花（2010.6.30）

注：亩为非法定计量单位，1亩=1/15公顷。

福建顺昌埔上镇：红地球葡萄避雨栽培，2013年新梢长放，2014年没有花序（2014.4.29）

浙江海盐县武原镇：藤稔葡萄，新梢年年开始开花11～12叶摘心，花序小（2011.4.9）

浙江海盐：藤稔葡萄，新梢开始开花11～12叶摘心，花序小

浙江海盐县武原镇：醉金香葡萄新梢长放，花少花小（2011.5.1）

（三）新梢8叶或10～11叶摘心后强控

调查到少数园8片叶摘心后，顶端发出新梢强控，每亩叶片仅2万张左右。

调查到较多的园10～11片叶摘心后，顶端发出新梢强控，每亩叶片不到3万张。浙江临安锦城街道横街村500多亩巨峰葡萄全部采用8～10叶摘心后强控。

这类园叶片数不够，如挂果稍多叶果比失调，中、晚熟品种果实进入第二膨大期，叶片光合作用高峰期已过，提供的光合营养减少，影响果实膨大，影响果实着色。

浙江海盐：醉金香葡
萄，全园8片叶摘心后
强控（2015.6.26）

浙江海盐：藤稔葡萄11叶摘心后强
控（2010.9.5）

浙江临安锦城街道：巨峰葡萄8叶
至10叶摘心后强控（2015.9.24）

浙江仙居：红地球葡萄，开花前10～11叶摘心后强控，果粒均重12克左右（2010.9.1）

浙江龙游：红地球葡萄，开花前10叶摘心后强控，果粒均重11克左右（2011.8.25）

（四）长、短梢摘心

浙江嘉兴地区醉金香葡萄采用长短梢摘心较多，挂果梢6叶摘心后强控，营养梢长放12叶摘心后强控，短梢占一半左右，每亩叶片2万张左右，叶片数不够，影响增糖。

浙江海盐于城顾建军园：醉金香葡萄采用长短梢摘心（2014.6.3）

浙江海宁海昌顾俞红园：醉金香葡萄采用长短梢摘心（2014.6.3）

浙江嘉兴南湖区凤桥镇干建祥园：醉金香葡萄采用长短梢摘心，挂果梢仅5片叶，营养不良，粒径仅22毫米（2015.6.7）

浙江嘉兴：醉金香葡萄采用长短梢摘心（2012.5.25）

（五）未及时抹梢、定梢、缚梢

种植面积较大的园，由于劳力不足，不能及时定梢、缚梢，有的园已开始开花尚未缚梢、定梢，花序在密集的新梢中生长，花序纤弱、灰霉病、穗轴褐枯病多发，坐果较差。

浙江定海：大紫王葡萄开花期尚未定梢、缚梢（2011.5.14）

浙江海盐：藤稔葡萄开始开花尚未缚梢（2011.4.9）

浙江临安市周海龙园：红宝石无核葡萄尚未抹梢（2016.4.13）

（六）超量定梢

亩定梢超4 000条的园各葡萄产区都有，如安徽宣城一个村的夏黑、藤稔葡萄水平棚架，亩定梢普遍达4 000条以上。

超量定梢的园枝蔓偏细，新梢径粗0.8厘米以下弱枝基本没有花序。花序在密集的新梢中生长，花序纤弱，坐果较差。

红地球、美人指葡萄超量定梢的园，枝蔓成熟较晚，秋季营养积累少，影响花芽继续分化，第二年花少、花小。

浙江义乌：维多利亚葡萄亩定梢4 300条，2蔓扎在一起（2011.4.26）

江苏东台：大紫王葡萄V形架，梢距12.5厘米，亩定梢4 000条，花期病害重，坐果差（2010.6.24）

安徽宣城：夏黑葡萄水平棚架，亩定梢4 000多条，中部花序不见光，灰霉病发生重，四周花序见光，坐好果（2011.5.24）

浙江仙居：红地球葡萄，亩定梢5 040条，亩留穗3 048串（2015.6.3）

浙江海盐通元：红地球葡萄V形架，梢距11.4厘米，亩定梢4 250条，枝蔓细，坐果差（2010.5.20）

浙江海盐：红地球葡萄，梢距11.1厘米，亩定梢4 500条，到秋季新梢不成熟（2010.10.18）

浙江临安市周海龙园：巨峰葡萄定梢太多（2016.4.13）

（七）定梢量偏少

浙江嘉兴地区藤稔葡萄V形架，梢距普遍为22～25厘米，亩定梢2 000～2 200条，每条新梢12片左右叶，叶面积指数仅1.3左右，叶面积小，影响树体营养积累。

浙江嘉兴南湖区高邦强园：藤稔葡萄V形架，每亩2 000条梢，1 250串果（2015.6.7）

浙江仙居：一块花很少的园，亩留梢1 680条（2015.6.3）

（八）定梢疏密不均匀

定梢疏密不均匀的园较普遍，定梢稀的部位新梢偏粗，新梢径粗超过1.2厘米影响花芽分化；定梢密的部位新梢偏细，新梢径粗0.8厘米以下的弱枝也会影响花芽分化。

浙江义乌：夏黑葡萄，架面新梢疏密不均匀（2011.4.26）

浙江嘉兴王店镇姚云刚园：红地球葡萄架面新梢疏密不均匀，柱左边梢距26厘米，柱右边梢距17厘米

（九）未及时处理副梢及副梢上发出的副梢

红地球、美人指等葡萄副梢发枝力很强，未及时处理副梢及副梢上发出的副梢，使架面郁闭，影响果实膨大，影响着色增糖，易诱发果实病害。

安徽宣城：美人指葡萄副梢满园（2010.5.26）

浙江海盐：红地球葡萄副梢上发出的副梢未及时处理

（十）新梢超行长放，两行叶幕相碰

行距2.7米以下的园，新梢长放，两行叶幕相碰，有的园新梢放至边行的架面上。这种园架面布满蔓叶，没有一点空间，通风透光差，影响果实膨大，影响果实着色，易诱发花期、果实病害。

浙江嘉兴南湖区：大紫王葡萄，V形水平架超行长放，通风透光差（2010.8.3）

浙江海盐：红地球葡萄，双十字V形架叶幕相碰，影响着色（2011.8.21）

广西资源：红地球葡萄，双十字V形架，行距2.2米，两行叶幕相碰影响着色（2010.8.20）

（十一）基部叶片处理不当

据研究，葡萄叶片光合作用高峰期在展叶后80天左右，110天左右叶片光合作用制造的营养和呼吸作用消耗的营养基本持平，以后即成为消耗叶，应及时摘除。

开花前的叶片光合作用较强，光合产物主要供蔓叶生长和花序发育，应培育好、保护好。

生产上不摘基部老叶的园较普遍，开花前摘除基部叶片的园

在部分产区存在。这
两种做法均不妥。

1.开花前摘除基
部叶片 浙江嘉兴南
湖区凤桥镇的巨峰葡
萄,多数园为了减轻
灰霉病发生,开花前
将花序以下的叶片摘
除。这种做法影响前
期营养积累,影响花
序发育。

嘉兴南湖区凤桥镇徐中明园:巨峰葡萄,开花
前摘除基部4片叶(2014.5.30)

开花前摘除基部叶片,虽然对减轻灰霉病发生有一定效果,
但完全没有必要。不采用影响花序发育摘基部叶片的笨办法,灰
霉病也能防治好。

2.基部叶片一直不摘除 葡萄开始着色期,基部叶片成为消
耗叶,不及时摘除,既消耗部分营养,又致使果穗部位通风透光
差,影响果实着色、增糖,易诱发果实病害。

浙江海盐:红地球葡萄,基部叶
片不摘除,果穗光照弱,影响着
色、增糖(2010.9.4)

浙江海盐武原双桥
村沈和兴园:红地球
葡萄基部叶片一直不
摘除(2010.9.4)

（十二）不重视保秋季叶片

因霜霉病和肥水管理不到位，秋季早落叶，树体营养积累少，影响花芽继续分化。红地球、美人指、夏黑葡萄，如秋季早落叶，第二年花序少、花序小，有的园无花序，甚至新梢发不出。

浙江丽水莲都区：巨峰葡萄秋季叶片较早脱落（2011.10.11）

安徽宣城：夏黑葡萄，2010年8月因霜霉病发生导致早落叶，2011年树体半死半活无花序（2011.5.24）

浙江诸暨江藻镇：美人指葡萄，2012年8月发生霜霉病导致早落叶，2013年40亩每亩花序250多个，30亩每亩花序500多个（2013.4.7）

浙江海盐：红地球葡萄，2010年9月霜霉病重发导致落叶，2011年树体半死半活无花序（2011.4.9）

2012年8月8日，"海葵"台风入侵海盐，大棚膜不刮破，叶片保护好，下一年花序多；大棚膜刮破，叶片未保护好，下一年花序少、花序小。

浙江海盐钱建军园：美人指葡萄，2012年"海葵"台风未刮破大棚膜，叶片保护好，下一年花序多（左）；大棚膜被刮破，叶片未保护好，下一年无花序（右）（2013.4.4）

二、冬季修剪存在的主要问题

（一）冬剪留枝量、留芽量太多

红地球、美人指等葡萄，在南方栽培花芽分化不很稳定，有些栽培者为了稳定产量，冬剪时采用多留枝、多留芽的办法。

广西资源县中峰镇：采用开花坐果后13叶左右摘梢，下一年花序不多。冬剪时13节位左右修剪，成熟枝均留下缚在架面上，亩留结果母枝2 000多条，留芽20 000多个，下一年花序1 500个以下，2011年不少园每亩产量仅500多千克。

广西资源中峰镇：较多园开花坐果后13叶摘心，花少；冬剪全部枝蔓留下，亩留枝2 400条，留芽31 000（2012.3.17）

浙江海盐于城镇：红地球葡萄园，行距2.5米，4米种4株。冬剪亩留结果母枝2 470条，亩留芽26 180个。由于超量留枝、留芽，每亩花10个工左右抹梢，剪除没有花序的结果母枝及结果母枝上发生的新梢。

陆全英园：先将无花的结果母枝和新梢理出架面（2012.4.6）

陆全英园：剪去没有花的结果母枝和新梢（2012.4.6）

陆全英园：剪下的结果母枝和无花序新梢

浙江海盐：红地球葡萄园，行距2.5米，4米种4株。冬剪每株留结果母枝10条，平均10.2个芽修剪，亩留结果母枝2 500条、留芽26 500个。密集的新梢影响花序发育和新梢生长。

贺留根园：红地球葡萄冬剪留枝、留芽太多（2015.12.30）

贺留根园：红地球葡萄未抹过梢的新梢状（2012.4.6）

浙江海盐：6亩红地球葡萄，由于冬剪多留枝芽，夏季剪下一大堆结果母枝。

6亩园冬季长梢修剪，夏季整出很多结果母枝，很费工（2011.4.9）

有的红地球葡萄多留枝、芽的园，将多留的1～4条结果母枝不弯缚在底层拉丝上，有的直立不弯缚，有的弯缚在上部拉丝上。

浙江海盐通元镇徐爱平园：红地球葡萄株距1米留结果母枝8条，4条弯缚在拉丝上，4条直立（2016.1.13）

浙江海盐武原海德农场：红地球葡萄多留结果母枝弯缚在上部拉丝上　浙江海盐百步林仙友园：红地球葡萄多留结果母枝直立不弯缚（2016.1.8）

冬剪多留结果母枝存在很多问题：

一是增加冬剪用工量。亩留20 000个及以上芽的园，比亩留8 000个芽的园用工量要增加50%以上。

二是破眠剂较难使用。亩留2 000条及以上长梢冬剪的园无法使用破眠剂，如使用，用工量很大。

三是新梢生长期抹梢和处理多余的结果母枝用工量很大。据浙江海盐调查，一次抹梢和处理多余的结果母枝亩用工6～10个。

四是影响新梢生长和花序发育。冬剪亩留20 000个芽的园，萌芽率按50%计，要发出10 000多条新梢，花序在密集的新梢中不见阳光，生长很弱，新梢生长也受影响。

（二）冬剪留枝量、留芽量偏少

浙江嘉兴地区部分藤稔、醉金香葡萄园冬剪留结果母枝每株3条，每亩750条。每条结果母枝留6个芽左右，每亩4 000个芽左右，偏少。少数红地球葡萄冬剪留结果母枝每株3条，每亩750条。每条结果母枝留8个芽左右，每亩6 000个芽左右，偏少。

冬剪留枝量、留芽量偏少，影响第二年定梢量和产量。

浙江海盐金建林藤稔葡萄园：冬剪亩留枝量600多条，亩留芽量4 000个，偏少（2015.1.23）

浙江海盐沈卫中红地球葡萄园：冬剪每株留结果母枝3条、留芽每亩6 000个左右，偏少（2012.3.2）

浙江海盐武原街道沈建明园：醉金香葡萄冬剪留枝偏少，出现空当（2012.3.2）

少数V形架园，弯缚结果母枝的底层拉丝只有一条，比拉2条拉丝枝蔓要减少一半，留枝、留芽量偏少。

浙江海盐西塘桥镇沈卫中园：V形架只布一条拉丝弯缚结果母枝（2015.1.23）

浙江嘉兴秀洲区陈方明园：阳光玫瑰葡萄，V形架只布一条拉丝弯缚结果母枝（2015.1.23）

　　浙江嘉兴秀洲区王店镇沈水华、陈正辉夏黑葡萄园：底层一条拉丝，冬剪留枝量偏少，新梢也偏少，每米仅7条，每亩仅1 750条

（三）冬季长梢修剪，隔株弯缚

　　浙江海盐一超长梢冬剪的葡萄园，隔株弯缚"乱套"，结果一株树挂几串果搞不清，每一串果属那一株树结的也搞不清；老枝年年增加，10年树龄老枝至畦面，影响施肥、翻土等农活，影响葡萄园下部通风透光。

　　浙江海盐：冬季超长梢修剪，10年树龄老枝至畦面（2010.6.23）

浙江嘉兴南湖区风桥镇：巨峰葡萄长梢冬剪园（2016.2.26）

（四）留营养母枝，2短4长冬剪模式

浙江嘉兴地区留营养母枝，采用2短4长冬剪模式较普遍。

藤稔、醉金香等巨峰系品种，株距1米，采用2条3芽冬剪作为营养母枝，下一年发出新梢作为营养枝不挂果；4条6芽冬剪作为结果母枝，下一年发出新梢挂果。

红地球葡萄株距1米，采用2条3芽冬剪作为营养母枝，下一年发出新梢作为营养枝不挂果；4～6条，8～10芽冬剪作为结果母枝，下一年发出新梢挂果。

海盐县澉浦镇乐香源农场：红地球葡萄2条短梢、4条长梢冬剪（2015.12.21）

海盐县武原周惠忠园：藤稔葡萄2条短梢、4条中梢冬剪（2015.12.30）

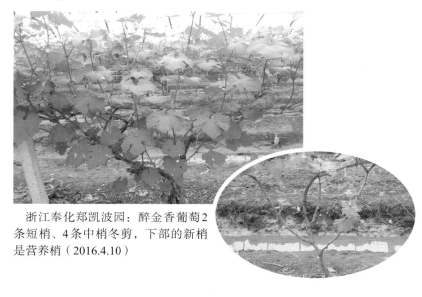

浙江奉化郑凯波园：醉金香葡萄2
条短梢、4条中梢冬剪，下部的新梢
是营养梢（2016.4.10）

浙江杭州富阳区章中焕园：巨玫瑰、鄞红葡萄，部分株
2条短梢、4条中梢冬剪，下部的新梢是营养梢（2016.4.12）

浙江海盐县大全秦山陈文龙园：红地球葡萄2条短梢、4条中梢冬剪，下部的新梢是营养梢（2016.4.10）

这种冬剪模式遇到不少问题：

1.不适应间伐 密植园所有品种都要间伐，有利种好葡萄。株距1米隔株间伐后成为2米，再间伐株距4米，就无法搞2短4长冬剪。

2.2条冬剪短梢发出新梢不可能全部作为下一年结果母枝 这2条短梢冬剪位置在下部，发出的径粗超过1厘米的超粗枝和不到0.8厘米偏细枝新梢不能作为结果母枝。

3.通风带不通风 V形架、V形水平架、高宽平架葡萄生长期均有明显的三带——下部通风带、中部结果带、中上部叶幕光合带。留营养母枝冬剪，2条营养母枝留在底层拉丝下部，发出新梢也在下部，这样通风带不通风了。

4.小果穗栽培品种和小果穗栽培园影响产量 果穗均重500克左右的品种和不到500克的品种，如金手指葡萄，以及小穗型栽培的园，果穗均重500克左右，要实现亩产1 250千克的产量，就至少应结2 500串的果穗，每米有4条新梢不挂果，1亩葡萄园1 000条新梢不挂果，亩产量只能在1 000千克以下。

5.2短4长冬剪结果部位不一致　结果部位不在一条线上，上下高低50多厘米。

浙江富阳富春街道老伍园：阳光玫瑰葡萄，2条短梢、4条6芽中梢冬剪，挂果部位上下相差50厘米（2015.10.10）

浙江富阳富春街道老伍园：夏黑葡萄2条短梢、4条6芽中梢冬剪，冬剪前的枝蔓（2015.12.9）

（五）当年种植园2短2长冬剪模式

当年种植管理较好的园4主蔓培育，结果母枝达到中等粗度，应4条主蔓中、长梢冬剪弯缚在底层拉丝上，下一年可丰产型挂果。调查到一些葡萄园采用2短2长冬剪，将好好的2条结果母枝3芽冬剪作为营养母枝，第二年不挂果，导致全园挂果量减少一半，多可惜。

浙江嘉兴秀洲区王店镇庄安村沈水华园：当年种植园2短2长冬剪（2016.3.31）

（六）超粗枝中梢冬剪

　　结果母枝径粗超1.2厘米，6～8芽中梢冬剪，这种超粗枝管理到位的园会有较多的花序；管理不到位的园，冬芽不饱满，长出新梢花序少、花序小。

浙江海盐武原街道陈海明园：红地球葡萄，有50多株结果母枝中部径粗超1.2厘米，采用6芽中梢冬剪，每米4个小花序，每亩1 000个小花序（2015.12.18）

浙江海盐武原街道陈海明园：红地球葡萄结果母枝径粗1厘米，8芽中梢冬剪，每米8个较大花序，每亩2 000个较大花序（2016.3.29）

浙江海盐武原海德农场：红地球葡萄超粗枝中梢冬剪，每米3个花序，每亩750个花序（2015.12.30 / 2016.3.31）

浙江海盐武原海德农场：红地球葡萄中粗枝中梢冬剪，每米7个花序，每亩1 750个花序（2015.12.30）

浙江海盐西塘桥镇沈卫中园：红地球葡萄超粗枝中梢冬剪（左），有的株无花序（中），有的株花序较多（右）（2015.12.30 / 2016.4.5）

浙江台州路桥区王文才园：夏黑葡萄当年种植园，主蔓径粗1.5厘米已发2个芽均无花序（右），副梢径粗1厘米已发1个芽有花序（左）（2016.2.9）

浙江嘉兴秀洲区王店镇陈正辉园：红地球葡萄超粗枝无花序（2016.3.31）

这种超粗枝冬剪时要长放，剪口0.9厘米。径粗1.0厘米以上的粗枝部位放大弯缚弧度，将径粗1厘米及以下的结果母枝弯缚在底层拉丝架面上，下一年发出新梢会有花序。

浙江海盐：超粗枝长放至径粗0.9厘米部位冬剪，加大弯缚弧度

浙江海盐于城镇杨紫燕园：红地球葡萄超粗枝长放至径粗0.9厘米部位冬剪，加大弯缚弧度（2011.12.25）

（七）结果母枝摆布不规范

葡萄Ｖ形架结果母枝弯缚在底层拉丝上要平，蔓叶果可进行规范管理，可采用6叶剪梢2芽冬剪新技术。

有的葡萄园结果母枝弯缚得不平，高低达10多厘米至20多厘米。弯缚不平的园，较难做到6叶一次性水平剪梢，较难进行2芽冬剪。

浙江海盐：红地球葡萄结果母枝弯缚高低达20多厘米（2015.12.30）

浙江海盐：红地球葡萄结果母枝弯缚在
架面上不平（2015.12.30）

（八）南方缺乏2芽冬剪经验进行2芽冬剪

南方2芽冬剪是省工栽培一项措施，有些果农缺乏2芽冬剪经验，盲目搞2芽冬剪，导致花量不够，甚至全园无花。浙江海盐一红地球葡萄生产者，看到海盐农科所红地球葡萄2芽冬剪有较多的花序，2014年冬对其3亩红地球葡萄进行2芽冬剪，由于缺乏技术经验，导致2015年没有花序。

浙江温州瓯海区紫星生态园，夏季蔓叶没有按2芽冬剪管理，2015年冬2亩夏黑葡萄搞2芽修剪，结果2016年花序很少。

（九）4芽冬剪

葡萄V形架4芽冬剪，结果母枝无法弯缚，结果部位上移很快，不能采用。应调整为6芽冬剪，结果母枝可弯缚在底层拉丝上，结果部位不会上移。或2芽冬剪，结果部位上移较慢。

浙江嘉兴秀洲区新塍镇吴荣园：夏黑葡萄4芽冬剪（2016.2.17）

中国农业科学院郑州果树研究所葡萄园，采用4芽冬剪，结果部位上升较快，弯缚结果母枝的部位不平，较难采用一次性剪梢技术。

中国农业科学院郑州果树研究所葡萄园：采用4芽冬剪，结果部位上升较快（2016.3.6）

（十）南方冬剪期偏晚

南方最低气温出现在1月份，避雨、露地栽培的园冬剪应在1月底结束。但每年在立春后均接到咨询电话还在冬剪，或尚未冬剪。2014年2月6日接广西南宁咨询电话，一块园还在冬剪，问是否太晚？回答：当然太晚，明年一定要早作安排，大寒前必须冬剪好。南方冬剪偏晚的园已进入伤流期，对葡萄生长会有影响。

三、存在问题综合分析

对上述调查到的22个问题进行综合分析，这22个问题可以归纳为以下5个方面的问题：影响花芽分化和稳产性，叶面积指数偏低和偏高均影响果实质量，诱发病害，增加用工量，加大管理难度。

（一）影响花芽分化和稳产性

1.11叶第一次摘心的园　影响基部、中部节位冬芽花芽分化，是导致花芽分化不稳定的红地球、美人指葡萄产量不稳的主要原因。

2.没有保好秋叶的园　对各品种花芽分化都会产生不利影响，对红地球、美人指、夏黑等葡萄影响更大，有的园基本无花。

3.超量定梢的园　亩定梢量超过4 000条的园，冬剪时径粗0.8厘米以下的枝蔓，由于单蔓营养积累不够基本无花。

4.超粗枝中梢冬剪　结果母枝径粗1.2厘米以上，采用6芽中梢冬剪，剪口径粗1.2厘米。这种超粗枝冬芽不饱满，长出新梢基本没有花序。

5.南方缺乏2芽冬剪经验搞2芽冬剪　南方葡萄生产者在没有2芽冬剪技术经验的情况下，对葡萄园实行2芽冬剪，将会导致花序少、花序小，甚至全园无花序。

6.当年种植园2短2长冬剪模式　当年种植的葡萄园采用2短2长冬剪模式，将会导致下一年花量减少一半。

（二）叶面积指数偏低和偏高均影响果实质量

主要影响果实膨大及果实着色和增糖、成熟期推迟等。

1.叶面积指数　指叶片面积与地面面积比值。如100米^{2}地面上葡萄叶面积达200米^2，叶面积指数为2。

叶果比：国际公认：生产1千克优质果，需要1米^{2}叶片通过光合作用提供营养物质，才能保证果实优质。叶面积越少，果实质量越差。

按年日照时数定叶片面积：南方多数葡萄产区年日照时数1 700小时左右，叶面积指数以1.8 ～ 2.0为宜。

叶片数：不分叶片大小，均按"6+4+5"叶剪梢（摘心），或

"6+9"叶剪梢（摘心）。一条蔓15片叶。各叶型品种亩叶片数：

大叶型品种：37 500片左右。

中叶型品种：42 000片左右。

小叶型品种：48 000片左右。

亩叶面积约1 200米^2，叶面积指数为1.8左右。

2.**叶面积指数偏低的园**　主要是指：8片叶摘心后强控的园，亩叶片数2万张左右；11片叶摘心后强控的园，亩叶片数不到3万张；定梢量偏少，亩定梢量2 000条左右的园，亩叶片数不到3万张；长、短梢摘心的园，亩叶片数不到2.5万张等。

这些园叶面积900米^{2}以下，指数1.4以下，光合产物比叶面积指数1.8的园要减少20%以上，影响果实第二膨大期的膨大，影响增糖。

3.**叶面积指数偏高的园**　主要是指：超量定梢，亩定梢量超过4 000条的园；蔓叶超行长放的园等。

这些园架面郁闭，通风透光差，影响着色，影响增糖，推迟成熟。

4.**基部叶片不及时摘除的园**　多数葡萄园不摘基部叶片，导致果实第二膨大期至成熟期，果穗部位光照弱，影响果实着色。

（三）诱发病害

1.**超量定梢的园，没有及时抹梢、定梢的园和超量冬剪的园**　开花坐果期花序在密集的蔓叶中不见阳光，易诱发灰霉病和穗轴褐枯病。

2.**基部叶片不及时摘除的园**　多数葡萄园不摘基部叶片，果实第二膨大期至成熟期，果穗部位不通风透光，易诱发果实病害。

（四）增加用工量

1.**超量定梢的园**　亩定梢4 000条以上的园，比亩定梢2 800条、2 500条的园要增加缚梢用工、剪梢和摘心用工、冬剪用工，要增加防病次数和喷农药用工。

2.超量冬剪的园 亩留结果母枝2 000条以上、留芽15 000个以上的园，比亩留结果母枝1 000条，留芽6 000个、8 000个的园，要增加冬剪时弯缚结果母枝用工，下一年要大量增加抹梢用工、整理结果母枝用工。

（五）蔓叶较难规范管理

葡萄V形架结果母枝摆布不规范，则蔓叶果较难规范管理，较难做到6叶一次性水平剪梢，较难进行2芽冬剪。

第二章
实验园研究、实践情况

一、6叶剪梢研究、实践情况

浙江省海盐县农业科学研究所于1990年建立葡萄实验园，至2015年已试种过140多个葡萄品种。

2002年以前葡萄蔓叶管理，一直采用开始开花时11叶左右第一次轻摘心，欧美杂交种巨峰系品种花芽分化较好而较稳定，年年有较多的花序，产量稳定。但1998年引入的美人指、红地球葡萄，1999年开始挂果，至2002年连续4年花芽分化均不好，美人指葡萄结果枝率仅19%，产量不高，无法在生产上推广。分析原因可能与第一次摘心偏晚，节位偏高有关。

（一）2003年提早剪梢试验

2003年选择欧亚种美人指、奥古斯特、奥迪亚无核，欧美杂交种藤稔、高妻、早甜6个品种，调整蔓叶管理，于开始开花前12～15天8叶左右一次性水平剪梢，第二次顶端副梢3叶一次性水平剪梢，第三次顶端副梢4叶左右分批摘心，即"8+3+4"叶剪梢（摘心）。

2004年第一次8叶左右剪梢的6个品种花芽分化均比第一次11叶左右摘心要好，表现花多、花序大。花芽分化较差的美人指葡萄结果枝率超过40%，比第一次11叶左右摘心提高一倍多。欧美杂交种1蔓2个花序的比率增加。

　　浙江嘉兴南湖区凤桥镇林建中3亩美人指葡萄，2012年以前于开始开花时11叶左右第一次摘心花不多。2013年按实验园试验，第一次约在开始开花前15天8叶左右一次性剪梢，2014年花量成倍增加。

　　实验园6个品种的试验及林建中3亩美人指葡萄实践表明，提早8叶左右剪梢，参试品种中、下部冬芽营养积累多，有利花芽分化。

实验园：美人指葡萄第一次8叶左右剪梢（2003.4.12）

实验园：美人指葡萄第二次11叶左右剪梢（2003.5.3）

实验园：美人指葡萄第三次15叶左右摘心（2003.5.23）

实验园：美人指葡萄"8+3+4"叶剪梢挂果状（2003.7.2）

（二）实验园应用情况

从2004年开始实验园各品种均采用"8+3+4"叶剪梢（摘心）2005年各品种花均较多、较大。至2010年，实验园种植的各品种均采用"8+3+4"叶剪梢（摘心），各品种花芽分化均较好，花较多、较大。

（三）2011年调整为第一次7叶左右一次性剪梢

实验园实践中发现，第一次6叶、7叶一次性水平剪梢，比8叶剪梢更有利花芽分化，尤其是花芽分化不稳定的红地球、美人指葡萄。因此，从2011年开始调整为"7+4+4"叶剪梢（摘心）。

实验园红地球葡萄V形水平架，"7+4"叶剪梢+4叶摘心。

实验园：红地球葡萄开花前15天第一次7叶左右水平剪梢（2011.4.8）

实验园：红地球葡萄开花第4天第二次11叶左右水平剪梢（2011.4.28）

实验园：红地球葡萄开花25天第三次15叶左右分批摘心（2011.5.19）

实验园：红地球葡萄"7+4"叶剪梢+4叶摘心，果实成熟期挂果状（2011.8.30）

（四）2013年开始调整为"6+4+5"叶剪梢（摘心）

为了与2芽冬剪技术配套，2013年开始进一步调整为"6+4+5"叶剪梢（摘心）。

二、冬季2芽（底芽+1芽）修剪研究与实践

根据外地葡萄2芽冬剪经验，实验园从2009年开始进行3芽（底芽+2芽）冬剪实践，在实践中调整，2013年各品种开始采用。

（一）2009年3芽（基芽+2芽）冬剪实践

选择欧亚种大紫王，欧美杂交种巨玫瑰、夏黑3个品种，于2008年冬每个品种3芽冬剪4株。

2009年表现：3芽冬剪花量较多，花序较大，与6芽中梢冬剪没有明显差异，初获成功。

实验园：大紫王葡萄3芽冬剪
试验（2009.3.19）

实验园：大紫王葡萄3芽冬剪挂果状（2009.7.19）

（二）2010年扩大试验品种

大紫王、巨玫瑰、夏黑等3个品种继续进行3芽冬剪，欧美杂交种藤稔、金手指，欧亚种红乳葡萄也进行3芽冬剪4株实践。

这6个品种3芽冬剪株，花芽分化较好，与6芽中梢冬剪没有明显差异，再获成功。

（三）2011年红地球、美人指2个品种列入3芽冬剪试验

每个品种3芽冬剪4株，结果是花芽分化较好，与8芽中梢冬剪没有明显差异。突破了花芽分化不稳定的2个品种3芽冬剪技术难题，三获成功。

实验园：红地球葡萄冬剪试验

实验园：红地球葡萄3芽冬剪挂果状

（四）2013年各品种全部采用3芽冬剪

在前3年8个品种进行3芽冬剪试验获得成功基础上，2013年全实验园所种品种均采用3芽冬剪。品种有：

欧美杂种：藤稔、醉金香、巨玫瑰、夏黑、金手指、鄞红、黑彼特、阳光玫瑰等8个。

欧亚种：大紫王、红地球、美人指、金田美指、红芭拉多、比昂扣、秋红等7个。

（五）2014年全园调整为2芽（底芽+1芽）冬剪

在3芽（底芽+2芽）冬剪实践中发现，多数品种上部2芽发出新梢均有较大的花序，留下部新梢和花序，上部的新梢就要从结果母枝中部剪除，增加用工量，同时3芽冬剪新梢上移较快。因此，2014年调整为2芽（底芽+1芽）冬剪，可减少剪上部花、枝用工，减缓新梢上移速度。

实践表明：各品种，包括花芽分化不稳定的红地球、美人指等葡萄，实行2芽（底芽+1芽）冬剪，只要配套技术到位，花较多，花序较大。

2015—2016年全园各品种均继续采用2芽（底芽+1芽）冬剪，花均较多，花序均较大。

第三章
6叶剪梢对促花芽分化的效果

6叶剪梢定位在生产上逐步推广后，凡应用6叶剪梢的园，只要管理到位，花芽分化均较好。

一、红地球、美人指葡萄

（一）海盐县红地球葡萄

浙江海盐县2006年开始发展红地球葡萄，遇到的问题是花芽分化不稳定。从2011年开始推广8叶剪梢，2013年开始推广6叶剪梢，花芽分化不稳定问题得到解决，促进了红地球葡萄发展，至2015年全县红地球葡萄种植面积超过1万亩，占葡萄种植面积50%多，成为主栽品种。不少红地球葡萄园连续几年亩产量超过2 000千克。

实验园：红地球葡萄2012年挂果状（2012.8.5）

实验园红地球葡萄：2008年以来，采用8叶剪梢、6叶剪梢技术，每年花序都较多、较大，结果枝率50%以上。至2015年，8年来控产栽培平均亩产量1 556千克，每千克果实售20元，亩产值稳定在3万多元。

实验园：红地球葡萄2014年挂果状　　　实验园：红地球葡萄2016年坐果状
（2014.8.16）　　　　　　　　　　　　（2016.5.8）

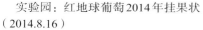

　　浙江海盐于城顾志坚、王培芬园：2007年种5.5亩红地球葡萄，大棚促早熟栽培，应用8叶剪梢、6叶剪梢配套技术，2011—2015年连续5年亩商品葡萄产量超过2 000千克。

　　2011年亩产量2 237千克，每千克果售12元，亩产值28 500元；

　　2012年亩产2 310千克，每千克果售13.60元，亩产值31 500元；

　　2013年亩产2 460千克，每千克果售14.60元，亩产值35 900元；

　　2014年亩产2 490千克，每千克果售14.49元，亩产值36 100元；

　　2015年亩产2 462千克，每千克果售12.80元，亩产值31 540元。

　　5年平均每亩产量2 392千克，每千克果售价13.67元，亩产值32 708元。

海盐于城王培芬园：红地球
葡萄果穗和挂果状（2014.7.17）

（二）浙江仙居县横溪镇

浙江仙居县横溪镇2004年开始种植红地球葡萄，至2014年发展到2 000多亩，由于栽培技术不到位，产量不稳定。

分析仙居县横溪镇红地球葡萄花芽分化不稳定的原因是新梢第一次摘心偏晚，节位偏高，应采用海盐红地球葡萄第一次6叶剪梢的经验。

2016年4月28日笔者赴仙居授课，考察发现红地球葡萄花量比2015年要多得多，多数园已达到丰产型的花量。果农看到6叶剪梢的效果，很多园较规范地实施6叶剪梢技术。

浙江仙居县横溪镇蒋海潮园：红地球葡萄6叶规范剪梢（2016.4.29）

（三）浙江嘉兴南湖林建中美人指葡萄

林建中2000年开始种植美人指葡萄，2001—2002年按巨峰系葡萄管理花不多。2003年开始按海盐县农业科学研究所调整后的栽培技术，采用8叶剪梢，2012年开始调整为6叶剪梢，每年都有较多的花。2012年开始，3亩美人指葡萄每年产值超过10万元。2015年亩产量2 280千克，每千克果实售16元，亩产值36 600元。

浙江嘉兴南湖林建忠园：美人指葡萄挂果状（2014.6.28）

浙江嘉兴南湖林建忠园：美人指葡萄，2016年每条新梢都有较大的花穗（2016.5.3）

二、巨峰系品种

巨峰系品种大棚栽培条件下，开始开花期摘心，管理不到位的园花少、花小。采用6叶剪梢能促花芽分化，花多、花大，双花率高。

（一）浙江奉化唐伟宝葡萄园6叶剪梢实践

唐卫宝葡萄园2014年以前一直采用开花前11叶摘心。2015年醉金香葡萄花不多，唐卫宝与郑凯波一起于4月初到海盐县农业科学研究所考察，看到实验园各品种均采用6叶剪梢，2芽冬剪，花序多，花序较大。特别是看到醉金香葡萄6叶剪梢，2芽冬剪，每条新梢都有2个较大的花序，真真认识到6叶剪梢是葡萄促花芽分化的关键技术。

2015年4月16日笔者到奉化市江口镇授课，看了唐卫宝、郑凯波葡萄园全部采用6叶剪梢。

2016年4月10日考察了唐卫宝、郑凯波的葡萄园，虽然葡萄园2015年遭了2次淹水，但各品种多数新梢都有2个花序，且下部花序均较大。证明6叶剪梢极有利花芽分化。

浙江奉化江口镇唐卫宝园：醉金香、夏黑、鄞红葡萄 6叶一次性剪梢，每条新梢都有2个花序（2016.4.10）

浙江奉化江口镇唐卫宝园：夏黑、醉金香、鄞红葡萄6叶剪梢叶幕和挂果状（2016.6.3）

（二）韩善其葡萄园6叶剪梢实践

浙江宁波市镇海区九龙湖街道韩善其，2015年4月到实验园参观学习，看到各品种采用6叶剪梢2芽冬剪技术都有较多、较大的花序，回去后60亩葡萄全部采用6叶剪梢。

2016年4月25日笔者赴镇海区九龙湖街道授课，顺便考察了韩善其葡萄园，鄞红、醉金香葡萄每条新梢均有2个较大的花序。2016年继续采用6叶剪梢技术。

浙江宁波市镇海区九龙湖街道韩善其园：亩鄞红、醉金香葡萄全部采用6叶剪梢，每条新梢都有2个花序（2016.4.25）

第四章
6叶剪梢2芽冬剪
花量情况

一、实验园6叶剪梢2芽冬剪花量情况

2014年实验园采用6叶剪梢2芽（底芽+1芽）冬剪挂果的品种20个。其中：

欧美杂交种：藤稔、醉金香、夏黑、巨玫瑰、阳光玫瑰、鄞红、金手指、黑彼特、宇选1号、辽峰等10个。

欧亚种：红地球、红地球芽变、红芭拉多、美人指、金田美指、大紫王、红乳、比昂扣、秋红、夏至红等10个。

2014年葡萄采果后，宇选1号、金手指、黑彼特、辽峰、红乳、比昂扣、秋红、夏至红8个品种翻掉调换品种。

2014年冬保留的13个品种均采用2芽（底芽+1芽）修剪。2015年各品种花多、花序大。

（一）醉金香葡萄

2004年种植，树龄11年。SO4砧嫁接栽培，间伐后株距2米。双十字V形架，连续7年双膜覆盖。连续1年3芽冬剪，2年2芽冬剪，无核栽培。

2014年梢距20厘米，亩定梢2 500条，6叶左右剪梢+8叶摘心。10条新梢定7串果穗，亩定穗1 700串。果穗均重1 250克左右，亩产量2 100千克。

实验园：2芽冬剪的醉金香葡萄
（2013.12.4）

实验园：醉金香葡萄2芽冬剪，每
条新梢都有花序（2014.4.5）

实验园：醉金香葡萄2芽冬剪挂果状
（2014.8.2）

2015年4米定梢40条，每条新梢均有较大的花序，72%新梢有2个花序。10条新梢定7串果穗，亩定穗1 700串。果穗均重1 100克，亩产量1 750千克。

实验园：醉金香葡萄6叶剪梢叶幕
（2015.3.29）

实验园：醉金香葡萄6叶剪梢+9叶
摘心（2015.6.19）

实验园：醉金香葡萄6叶剪梢+9叶摘心挂果状
（2015.6.30）

（二）藤稔葡萄

2000年种植，树龄16年。华佳8号砧嫁接栽培，间伐后株距4米。双十字V形架，连续7年双膜覆盖。连续1年3芽冬剪，2年2芽冬剪，保果栽培。

2014年梢距20厘米，亩定梢2 500条，6叶左右剪梢+8叶摘心。10条新梢定7串果穗，亩定穗1 700串。果穗均重1 500克左右，亩产量2 500千克。

实验园：藤稔葡萄
2芽冬剪（2013.12.4）

实验园：藤稔葡萄6叶剪梢叶幕（2014.4.5）

实验园：藤稔葡萄2芽冬剪成熟果穗（2014.7.21）

2015年4米定梢40条，有花序新梢31条，占77.5%。10条新梢定6串果穗，亩定穗1 500串。果穗均重1 200克，亩产量1 750千克。

实验园：藤稔葡萄6叶剪梢叶幕和花序（2015.3.29）

实验园：藤稔葡萄6叶剪梢+8叶摘心后叶幕（2015.6.13）

实验园：藤稔葡萄2芽冬剪挂果状

（三）夏黑葡萄

2007年种植，树龄9年。贝达砧嫁接栽培和扦插苗，间伐后株距4米与8米。V形水平架，一直单膜覆盖。连续1年3芽冬剪，2年2芽冬剪，保果栽培。

2014年梢距20厘米，亩定梢2 500条，6叶左右剪梢+8叶摘心。10条新梢定9串果穗，亩定穗2 250串。果穗均重700克左右，亩产量1 500千克。

实验园：夏黑葡萄2芽冬剪
（2014.1.10）

实验园：夏黑葡萄2芽冬剪，每条新梢都有花序（2014.3.12）

实验园：夏黑葡萄2芽冬剪挂果状（2014.6.24）

2015年4米定梢40条，每条新梢均有较大的花序，83%新梢有2个花序。10条新梢定9串果穗，亩定穗2 250串。果穗均重910克，亩产量1 590千克。

实验园：夏黑葡萄第一次6叶水平剪梢叶幕和花序（2015.3.29）

实验园：夏黑葡萄2芽冬剪挂果状（2015.7.24）

（四）早夏无核葡萄

1. 2013年种植　树龄3年，贝达砧嫁接栽培，间伐后株距4米。V形水平架，单膜覆盖保果栽培。

2014年梢距20厘米，亩定梢2 500条，6叶左右剪梢+8叶摘心。10条新梢定9串果穗，亩定穗2 250串。果穗均重700克左右，亩产量1 500千克。

实验园：早夏无核葡萄成熟果穗挂果状（2014.6.24）

　　2015年2芽冬剪，4米定梢40条，每条新梢均有较大的花序，76%新梢有2个花序。10条新梢定9串果穗，亩定穗2 250串。果穗均重650克，亩产量1 460千克。

实验园：早夏无核葡萄2芽冬剪+
6叶剪梢+8叶摘心叶幕和挂果状
（2014.12.25 / 2015.3.29 / 2015.6.27）

实验园：早夏无核葡萄6叶剪梢＋8叶摘心叶幕和挂果状（2016.5.6）

2. 2014年种植　树龄2年，贝达砧嫁接栽培，株距4米与8米。V形水平架，单膜和双膜覆盖保果栽培。

2014年2月底种植的树，2015年花较多、花序较大。8米一株的树，每条新梢都有花，双花序的占56%。共定穗60串，每米7.5个穗，销售产量41千克，每米产量5.125千克。折每亩1 875个穗，亩产量1 280千克。

实验园：早夏无核葡萄，2014年种植株距8米，2015年6叶剪梢叶幕和花序（2015.3.29）

实验园：早夏无核葡萄株
距8米挂果状

2014年6月20日重新嫁接的树，株距4米，有花的梢占62%。

实验园：早夏无核葡萄
2014年6月20日重新嫁接的
树挂果状（2015.6.27）

（五）巨玫瑰葡萄

2003年种植，树龄13年。SO4砧嫁接栽培，间伐后株距2米。V形水平架，一直单膜覆盖。1年3芽冬剪，2年2芽冬剪，保果栽培。

2014年梢距18厘米，亩定梢2 800条，6叶左右剪梢+8叶摘心。10条新梢定7串果穗，亩定穗1 900串。果穗均重800克左右，亩产量1 500千克。

实验园：巨玫瑰葡萄2芽
冬剪（2014.1.10）

实验园：巨玫瑰葡萄2芽冬剪，每条
新梢都有2个花序（2014.3.12）

实验园：巨玫瑰葡萄2芽冬剪挂果
状（2014.7.15）

　　2015年花很多、花序大，4米定梢44条，每条新梢均有2个花序。10条新梢定7串果穗，亩定穗1 900串。果穗均重850克，亩产量1 600千克。

实验园：巨玫瑰葡萄6叶剪梢叶幕和花序（2015.4.1）

实验园：巨玫瑰葡萄2芽冬剪
挂果状（2015.7.25）

（六）鄞红葡萄

2012年种植，树龄4年。扦插苗，间伐后株距2米。V形水平架，一直单膜覆盖。连续2年2芽冬剪，保果栽培。

2014年梢距18厘米，亩定梢2 800条，6叶左右剪梢+8叶摘心。10条新梢定7串果穗，亩定穗1 900串。果穗均重800克左右，亩产量1 500千克。

实验园：鄞红葡萄2芽冬剪（2014.1.10）

实验园：鄞红葡萄6叶剪梢（2014.4.14）

实验园：鄞红葡萄2芽冬
剪挂果状（2014.7.25）

2015年花很多、花序大，4米定梢44条，每条新梢均有2个花序。10条新梢定7串果穗，亩定穗1 900串。果穗均重850克，亩产量1 600千克。

实验园：鄞红葡萄6叶剪梢叶幕和花序（2015.4.2）

实验园：鄞红葡萄2芽冬剪成熟果穗（2015.7.23）

（七）阳光玫瑰葡萄

2012年种植，树龄4年。4种砧木嫁接栽培，株距2米。V形水平架，一直单膜覆盖。连续2年2芽冬剪，保果栽培。

2014年梢距18厘米，亩定梢2 800条，6叶+4叶剪梢+4叶摘心。10条新梢定7串果穗，亩定穗1 900串。果穗均重800克左右，亩产量1 500千克。

实验园：阳光玫瑰葡萄2芽冬剪
（2015.1.2）

实验园：阳光玫瑰葡萄6叶剪梢叶
幕和花序（2014.4.5）

实验园：阳光玫瑰葡萄2
芽冬剪成熟果穗（2014.8.10）

　　2015年花较多、花序中等大，4米定梢44条，每条新梢均有花序，一条新梢有2个花序的占9.2%。10条新梢定7串果穗，亩定穗1 900串。果穗均重1 100克，亩产量1 780千克。

实验园：阳光玫瑰葡萄6叶剪梢叶幕和花序（2015.4.1）

实验园：阳光玫瑰葡萄2芽冬剪成熟果穗（2015.8.4）

（八）红地球葡萄

2008年种植，树龄8年。贝达砧嫁接栽培，株距2米与4米。V形水平架，一直单膜覆盖。1年3芽冬剪，2年2芽冬剪。自然坐果。

2014年梢距18厘米，亩定梢2 800条，6叶+4叶剪梢+4叶摘心。10条新梢定6串果穗，亩定穗1 600串。果穗均重1 200克左右，亩产量1 900千克。

实验园：红地球葡萄2芽冬剪（2014.1.10）

实验园：红地球葡萄6叶剪梢叶幕和花序（2014.4.5）

实验园：红地球葡萄2芽冬剪即将成熟果穗（2014.7.21）

　　2015年2芽冬剪，花较多、花序较大，4米定梢44条，有40个花序。亩定穗1 600串，果穗均重1 100克左右，亩产量1 760千克。

实验园：红地球葡萄6叶剪梢叶幕和花序（2015.4.9）

　　实验园：红地球葡萄2芽冬剪成熟果穗（2015.8.21）

（九）红地球芽变葡萄

2012年种植，树龄4年。贝达砧嫁接栽培，株距2米与4米。V形水平架，一直单膜覆盖。2014年2芽冬剪，自然坐果。

2014年梢距18厘米，亩定梢2 800条，6叶+4叶剪梢+4叶摘心。10条新梢定5串果穗，亩定穗1 400串。果穗均重1 300克左右，亩产量1 800千克。

实验园：超大果粒红地球葡萄，成熟果穗果粒横径3.3厘米，大的3.5厘米，果粒均重20克左右（2014.8.16）

2015年花较多，花序比红地球葡萄大，4米定梢44条，有40个花序。10条新梢定5串果穗，亩定穗1 400串。果穗均重1 300克左右，亩产量1 800千克。

实验园：红地球芽变葡萄6叶剪梢叶幕和花序（2015.4.9）

实验园：红地球超大粒葡萄2芽冬剪成熟果穗（2015.7.30）

（十）红芭拉多葡萄

2012年种植，树龄4年。贝达砧嫁接栽培，株距2米。V形水平架，一直单膜覆盖。2013年、2014年2芽冬剪，自然坐果。

2014年梢距18厘米，亩定梢2 800条，6叶+4叶剪梢+4叶摘心。10条新梢定7串果穗，亩定穗1 900串。果穗均重700克左右，亩产量1 300千克。

实验园：红芭拉多葡萄2芽冬剪（2014.1.10）

实验园：红芭拉多葡萄6叶剪梢叶幕（2014.4.5）

实验园：红芭拉多葡萄2芽冬剪成熟果穗（2014.7.21）

2015年花很多、花序较大，4米定梢44条，每条新梢均有2个花序。10条新梢定7串果穗，亩定穗1 900串。果穗均重700克左右，亩产量1 300千克。

实验园：红芭拉多葡萄6叶剪梢叶幕和花序（2015.3.29）

实验园：红芭拉多葡萄2芽冬剪挂果状（2015.7.24）

（十一）美人指、金田美指葡萄

2011年种植，树龄5年。贝达砧嫁接栽培，株距2米。V形水平架，一直单膜覆盖。2013年、2014年2芽冬剪，自然坐果。

2014年梢距18厘米，亩定梢2 800条，6叶＋4叶剪梢＋4叶摘心。10条新梢定7串果穗，亩定穗1 900串。果穗均重800克左右，亩产量1 500千克。

实验园：美人指葡萄2芽冬剪（2014.1.2）

实验园：美人指葡萄6叶左右一次性剪梢（2014.4.5）

实验园：美人指葡萄2芽冬剪成熟果穗（2014.7.21）

实验园：金田美指葡萄2芽冬剪（2014.1.10）

实验园：金田美指葡萄2芽冬剪挂果状（2014.8.3）

2015年花较多、花序较大，4米定梢44条，有40个花序。10条新梢定7串果穗，亩定穗2 000串。果穗均重900克左右，亩产量1 700千克。

实验园：美人指葡萄6叶剪梢叶幕和花序（2015.4.1）

实验园：美人指葡萄2芽冬剪挂果状（2015.7.23）

实验园：金田美指葡萄2芽冬剪挂果状（2015.7.23）

实验园：金田美指葡萄6叶剪梢叶幕和花序（2015.4.1）

（十二）大紫王葡萄

2005年种植，树龄11年。SO4、早甜砧木嫁接栽培，间伐后株距4米。V形水平架，连续双膜覆盖栽培7年。连续1年3芽冬剪，2年2芽冬剪，自然坐果。

2014年梢距18厘米，亩定梢2 800条，6叶+4叶剪梢+4叶摘心。10条新梢定7串果穗，亩定穗1 900串。果穗均重1 400克左右，亩产量2 500千克。

实验园：大紫王葡萄2芽冬剪（2014.1.10）

实验园：大紫王葡萄6叶剪梢叶幕（2014.4.5）

实验园：大紫王葡萄2芽冬剪挂果状（2014.8.8）

2015年花较多，花序中等大，4米定梢44条，有40个花序。10条新梢定5串果穗，亩定穗1 300串。果穗均重1 400克左右，亩产量1 850千克。

实验园：大紫王葡萄6叶剪梢叶幕和花序（2015.3.29）

实验园：大紫王葡萄2芽冬剪挂果状（2015.7.21）

（十三）黑彼特葡萄

2012年种植，贝达砧嫁接苗，株距2米。V形水平架，单膜覆盖栽培。2013年2芽冬剪，保果栽培。

2014年梢距18厘米，亩定梢2 800条，6叶左右剪梢+8叶摘心，新梢2个花序的占62%。10条新梢定7串果穗，亩定穗1 900串，果穗均重800克左右，亩产量1 500千克。

实验园：黑彼特葡萄2芽冬剪
（2014.1.10）

实验园：黑彼特葡萄2芽冬剪挂果
状（2014.7.31）

（十四）夏至红葡萄

2012年种植，贝达砧嫁接苗，株距2米。V形水平架，单膜覆盖栽培。2013年2芽冬剪，自然坐果。

2014年梢距18厘米，亩定梢2 800条，6叶左右+4叶剪梢+4叶摘心，每条新梢均有2个花序。10条新梢定7串果穗，亩定穗1 900串，果穗均重800克左右，亩产量1 500千克。

实验园：夏至红葡萄2芽冬剪
（2014.1.10）

实验园：夏至红葡萄6叶剪梢叶幕
（2014.4.5）

实验园：夏至红葡萄2芽冬剪
成熟果穗（2014.7.21）

（十五）金手指葡萄

2006年种植，贝达砧嫁接苗，株距2米。V形水平架，单膜覆盖栽培。2013年2芽冬剪，开始开花期叶片喷助壮素促坐果栽培。

2014年梢距18厘米，亩定梢2 800条，6叶左右+4叶剪梢+4叶摘心。新梢2个花序的占43%。10条新梢定9串果穗，亩定穗2 500串，果穗均重500克左右，亩产量1 250千克。

实验园：金手指葡萄2芽冬剪（2014.1.10）

实验园：金手指葡萄6叶剪梢叶幕（2014.4.5）

实验园：金手指葡萄2芽冬剪挂果状（2014.6.15）

（十六）宇选1号葡萄

2010年种植，贝达砧嫁接苗，株距2米。V形水平架，单膜覆盖栽培。2013年2芽冬剪，保果栽培。

2014年梢距18厘米，亩定梢2 800条，6叶左右剪梢+8叶摘心，新梢2个花序的占82%。10条新梢定7串果穗，亩定穗1 900串。果穗均重800克左右，亩产量1 500千克。

实验园：宇选1号葡萄2芽冬剪（2013.1.2）

实验园：宇选1号葡萄2芽冬剪挂果状（2013.7.15）

（十七）秋红葡萄

2012年种植，贝达砧嫁接苗，株距2米。V形水平架，单膜覆盖栽培。2013年2芽冬剪，自然坐果。

2014年梢距18厘米，亩定梢2 800条，6叶左右+4叶剪梢+4叶摘心，新梢2个花序的占36%。10条新梢定5串果穗，亩定穗1 400串，果穗均重1 250克左右，亩产量1 750千克。

实验园：秋红葡萄2芽冬剪前期挂果状（2014.6.6）

实验园：秋红葡萄2芽冬剪成熟果穗（2014.9.29）

（十八）红乳葡萄

2008年种植，贝达砧嫁接苗，株距2米。V形水平架，单膜覆盖栽培。2013年2芽冬剪，自然坐果。

2014年梢距18厘米，亩定梢2 800条，6叶左右剪梢+8叶摘心，每条新梢都有2个花序。10条新梢定8串果穗，亩定穗2 200串，果穗均重700克左右，亩产量1 500千克。

实验园：红乳葡萄2芽冬剪（2014.1.2）

实验园：红乳葡萄6叶剪梢叶幕（2014.4.5）

实验园：红乳葡萄2芽冬剪挂果状（2014.7.21）

（十九）比昂扣葡萄

2008年种植，贝达砧嫁接苗，株距2米。V形水平架，单膜覆盖栽培。2013年2芽冬剪，自然坐果。

2014年梢距18厘米，亩定梢2 800条，6叶左右+4叶剪梢+4叶摘心，新梢有2个花序的占38%。10条新梢定8串果穗，亩定穗2 200串，果穗均重700克左右，亩产量1 500千克。

实验园：比昂扣葡萄6叶剪梢叶幕
（2014.4.5）

实验园：比昂扣葡萄2芽冬剪挂果状
（2014.9.15）

（二十）小结

实验园20个品种6叶剪梢2芽冬剪都有较多的花，均能稳产。但品种间花芽分化性能和剪梢（摘心）次数存在差异。

1.花芽分化性能　分为4类：

一类：花芽分化特好。有欧美杂交种的巨玫瑰、鄞红、夏黑、早夏无核、宇选1号，以及欧亚种的红芭拉多、红乳、夏至红葡萄等8个品种。2芽冬剪多数新梢有2个花序。

二类：花芽分化较好。有欧美杂交种的藤稔、醉金香、黑彼特葡萄3个品种，2芽冬剪新梢双花率50%以上。

三类：花芽分化中等。有欧美杂交种的阳光玫瑰、金手指，以及欧亚种的大紫王、比昂扣、秋红葡萄等5个品种。2芽冬剪花较多，但双花率较低。

四类：花芽分化不很稳定。有欧亚种的红地球、红地球芽变、美人指、金田美指葡萄4个品种。2芽冬剪配套技术到位，能有较多的花；如配套技术不到位，花就不多。

2.剪梢（摘心）次数　分为2类：

一类：保果栽培的品种剪梢（摘心）2次。主要是欧美杂交种保果栽培，有藤稔、醉金香、夏黑、早夏无核、巨玫瑰、鄞红、黑彼特、宇选1号葡萄等8个品种。第一次6叶左右剪梢后新梢长放，15叶左右分批摘心，可省一次剪梢用工。

二类：欧亚种和欧美杂交种不保果栽培的品种剪梢（摘心）3次。主要采用6叶左右+4叶剪梢+4叶摘心。第二次剪梢目的是提高坐果。

二、生产园6叶剪梢2芽冬剪花量情况

浙江、江苏、上海、安徽等地部分园已采用6叶剪梢2芽（底芽+1芽）冬剪新技术，花多稳产，质优效益好。

（一）浙江海盐于城镇蔡全法

红地球葡萄在6叶剪梢基础上，2013年开始进行2芽冬剪实践获得成功。2014年冬6.1亩红地球葡萄全部采用2芽修剪，花多，花序较大，再获成功。

浙江海盐蔡全法园：红地球葡萄2芽冬剪（2013.1.8）

红地球葡萄2芽冬剪，50条新梢有41个花序（2013.3.27）

红地球葡萄2芽冬剪挂果状
（2013.7.9）

2015年6.1亩红地球葡萄全部采用2芽冬剪，花多，花序较大，大棚单膜覆盖栽培，1月14日覆膜，4月12日开始开花，7月8日至21日销售。亩产量1 998千克，每千克果售14.78元，亩产值29 540元。

浙江海盐蔡全法园：红地球
葡萄2芽冬剪花多、花序较大
（2015.4.8）

红地球葡萄2芽
冬剪成熟挂果状
（2015.7.14）

（二）浙江余姚临山镇干焕宜

2010年开始进行6叶剪梢2芽冬剪实践，获得成功后25亩葡萄，包括红地球、美人指、夏黑、比昂扣等各品种均采用6叶剪梢2芽冬剪，产量稳，果实质量优，每千克果实售20元以上，亩产值稳定在25 000元。

浙江余姚临山镇干焕宜园：夏黑、比昂扣、红地球、美人指葡萄均2芽冬剪（2014.11.21）

夏黑、红地球葡萄6叶剪梢叶幕和花穗状（2015.4.17）

夏黑葡萄6叶剪梢叶幕和挂果状（2015.6.19）

红地球葡萄6叶剪梢叶幕和挂果状（2015.6.19）

美人指葡萄6叶剪梢叶幕和挂果状（2015.6.19）

浙江余姚临山镇干焕宜园：夏黑葡萄6叶剪梢叶幕和花穗状（2016.4.20）

浙江余姚临山镇干焕宜园：巨峰葡萄2芽冬剪

（三）上海金山区夏黑葡萄

上海交通大学在金山建有一个现代农业科技园，夏黑葡萄采用日本模式栽培、稀植、高架、H型整枝蔓、双芽冬剪，产量稳定。

上海交通大学金山现代农业科技园：夏黑葡萄2芽冬剪及挂果状

（四）南京农业大学

南京农业大学100多亩葡萄园均采用日本模式栽培，稀植、高架、H型整枝蔓、双芽冬剪，产量稳定。

南京农业大学实验园：阳光玫瑰葡萄2芽冬剪挂果状（2015.7.6）

（五）江苏张家港神园公司

江苏张家港神园公司采用日本模式栽培葡萄，稀植、高架、H型整枝蔓、双芽冬剪，产量稳定。

江苏张家港神园公司园：阳光玫瑰葡萄2芽冬剪挂果状（2015.7.5）

（六）江苏南通奇园公司曹海忠

60多亩葡萄采用日本模式栽培，稀植、高架、H型整枝蔓、双芽冬剪，产量稳定。

江苏南通奇园公司曹海忠园：阳光玫瑰葡萄2芽冬剪挂果状（2015.8.19）

（七）江苏常州礼嘉秦怀刚

夏黑、醉金香葡萄均采用双芽冬剪，产量稳定在1500～2000千克。

江苏常州礼嘉秦怀刚园：
夏黑葡萄水平棚架2芽冬剪
萌芽期（2013.3.15）

夏黑葡萄水平棚架挂果状（2013.7.19）

金香葡萄水平棚架2芽冬剪萌芽期（2013.3.15）

（八）江苏南京盘城葡萄合作社

大紫王葡萄水平棚架6叶剪梢2芽冬剪，花较多，稳产、优质。

江苏南京盘城葡萄合作社园：大紫王葡萄水平棚架6叶剪梢2芽冬剪挂果状（2011.7.29）

（九）安徽无为朱嗣军

海盐县农业科学研究所于2008年12月开始办全国葡萄数字化栽培技术培训班，每年12月连续办，朱嗣军每次都参加。

针对海盐县农业科学研究所葡萄实验园采用的6叶剪梢2芽冬剪栽培新技术，朱嗣军也进行了实践。

30多亩夏黑、维多利亚等葡萄2014年采用6叶剪梢，2014年冬2芽修剪，2015年花多，花较大，获得成功。

安徽无为朱嗣军园：夏黑葡萄2芽冬剪挂果状（2015.6.20）

第五章
6叶剪梢2芽冬剪架式选择和葡萄架结构

采用开花前15天左右，第一次6叶左右一次性水平剪梢技术，架式和葡萄架结构必须配套。底层缚结果母枝的拉丝，至6叶左右第一次剪梢新梢缚梢的拉丝距离一般以25～30厘米为宜。超过35厘米要进行7叶、8叶剪梢，较难与2芽冬剪配套，因此，采用6叶剪梢2芽冬剪新技术，架式选择和葡萄架结构必须相配套。

一、架式选择

（一）V形水平架

实验园实践和生产园调查，较理想的架式是V形水平架。

1.结构

（1）行距2.7～3.0米，架柱4米。

（2）架柱离地面1.5米处两边缚两条拉丝（不宜仅拉一条）。

（3）架柱离地面1.7米处架2.2～2.4米长的横梁（也可用拉丝全园横向拉，代替横梁）。

（4）横梁两边离柱20、60、100厘米处钻孔，共拉6条拉丝。

（5）底层弯缚结果母枝的拉丝与6叶缚梢的拉丝距离，多数品种25厘米左右，节间较长的夏黑、早夏无核、美人指等品种30厘米左右。如超过35厘米，6叶无法缚梢。

2.优越性

（1）中、上部叶幕呈水平，树势较缓和，有利花芽分化。

（2）结果母枝弯缚在底层拉丝上，下部叶幕呈V形，架柱两边形成很整齐的结果带，成熟果穗没有阴阳面，有利果穗着色、增糖，有利避免、减轻果实日灼。

（3）方便采用6叶剪梢2芽冬剪栽培新技术。

（4）光合带、结果带、通风带分明，结果部位较高，病害较轻。

（5）蔓、叶、果能进行数字化生产管理，个子较矮的老人蔓果管理时不吃力，能提高工效。

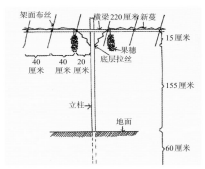

V形水平架模式图（杨治元，2005）

实验园：阳光玫瑰葡萄V形水平架蔓、叶、果（2015.5.31）

实验园：巨玫瑰葡萄V形水平架蔓、叶、果（2013.6.4）

实验园：夏黑葡萄V形水平架蔓、叶、果（2011.5.18）

实验园：早夏无核葡萄V形水平架蔓、叶、果（2015.5.31）

实验园：醉金香葡萄V形水平架蔓、叶、果（2009.8.25）

实验园：超大粒红地球葡萄V形水平架蔓、叶、果（2015.6.23）

实验园：大紫王葡萄V形水平架蔓、叶、果（2009.8.25）

实验园：温克葡萄V形水平架蔓、叶、果（2015.7.14）

实验园：美人指葡萄V形水平架蔓、叶、果（2015.7.23）

实验园：金田美指葡萄Ⅴ形水平架蔓、叶、果（2015.7.23）

实验园：鄞红葡萄Ⅴ形水平架蔓、叶、果（2015.7.23）

浙江海盐蔡全法园：红地球葡萄Ⅴ形水平架（2010.8.23）

浙江海盐金利明园：夏黑葡萄Ⅴ形水平架（2013.7.17）

四川彭山县杨志明园：红地球葡萄Ⅴ形水平架（2011.9.17）

重庆吴小平园：夏黑葡萄Ⅴ形水平架（肖俊，2012）

广西兴安郑运桥园：夏黑葡萄Ⅴ形水平架（2010.8.18）

福建顺昌县浦上镇：红地球葡萄Ⅴ形水平架（2010.8.23）

（二）H型Ⅴ形水平架

1.江苏等地H型水平架栽培模式　2015年考察南京农业大学果树系、张家港神园公司、南通奇园公司葡萄园，均采用H型水平架栽培模式。

畦宽5.5米，中间种一行葡萄，当年种植园架面下20厘米处剪梢形成2条新梢向两边弯缚培育，两边新梢长至H架面时剪梢，形成2条主蔓，分两个方向弯缚，一个架面上是一条主蔓，作为下一年结果母枝。

实践中遇到3个问题：

一是H型两边各布一条主蔓，下一年发出新梢数较少。调查南通奇园曹海忠阳光玫瑰葡萄园，亩新梢1 800条，23 400张左右叶片，叶面积指数较低。

二是水平架面干活人较吃力，工效较低。一般园水平架离畦面1.7米左右，蔓、果管理时较吃力，工效较低，个子较矮的老人干活时劳动强度大。

三是水平架面新梢要水平弯缚，弯缚期比Ⅴ形水平架推迟，弯缚时易折断。

2.实验园H型Ⅴ形水平架　2015年实验园选用早夏无核、阳光玫瑰、超大果粒红地球葡萄3个品种进行实践。根据江苏的经验调整了两项技术：

一是水平架调整为V形水平架。H型两边结果母枝弯缚部位按V形架结构，即在水平架面下20厘米处，在架柱两边各拉2条拉丝。

调整后的好处：结果母枝弯缚部位比水平架降低20厘米，结果部位降低10多厘米，冬剪和花、穗管理能降低干活强度，提高工效。新梢V形斜面弯缚，6叶左右能及时缚梢，不易折断。

二是结果母枝一条调整为2条。当年种植园，长势较旺的品种，如夏黑、早夏无核葡萄，管理到位，H型两边结果母枝可4主蔓培育，冬剪时4条主蔓分两面弯缚，整个架面均有2条结果母枝。长势中等的品种，或管理不到位的园，当年不能4主蔓培育，要改为2主蔓培育，冬剪时2条主蔓分两面弯缚，整个架面只有1条结果母枝。下一年冬剪时要形成2条结果母枝。

调整后的好处：2条结果母枝发出新梢比1条结果母枝增加1倍，花序数也增加近1倍，可稳定产量。可按叶片大小定梢，亩定梢2 500条、2 800条、3 100条，亩叶片数可达到37 000张、42 000张、46 000张。增加叶面积系数，有利树体营养积累，有利果实膨大和着色。

调整后的结构和优越性与V形水平架相同。

H型V形水平架栽培模式：畦面宽5.5米，中间种一行葡萄。株距：长势旺的品种如夏黑、早夏无核等品种为2米，其他品种为1米。水平架面离畦面1.7米左右，在水平架面下20厘米处于架柱两边各缚1条拉丝，形成V形叶幕。

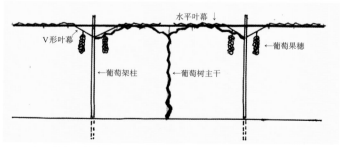

H型V形水平架模式图（杨治元，2015）

实验园：早夏无核葡萄H型V形水平架，当年种植冬剪结果母枝弯缚后情况（2015.12.27）

实验园：大粒红地球葡萄H型V形水平架，当年种植冬剪结果母枝弯缚后情况（2015.12.27）

实验园：阳光玫瑰葡萄H型V形水平架，当年种植冬剪结果母枝弯缚后情况（2015.12.27）

实验园：早夏无核葡萄，H型V形水平架叶幕（2016.4.21）

实验园：早夏无核葡萄，H型V形水平架挂果状（2016.5.16）

　　实验园：早夏无核葡萄2015年种植，大棚5.6米中间种一行，株距2米，亩栽60株，H型两边培育4条结果母枝。2016年每株挂果30串，亩挂果1 800串，亩产量1 080千克（2016.6.5）

二、改架

弯缚结果母枝较低的V形架、水平棚架、高宽垂架、H型水平架等架式，应改为V形水平架。这些架式均比较容易改成V形水平架。

（一）双十字V形架、高宽垂架改成V形水平架

弯缚结果母枝较低的V形架和高宽垂架，不适合多数品种应用6叶剪梢2芽冬剪新技术，应改为V形水平架。

1.双十字V形架

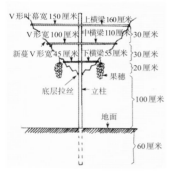

双十字V形架模式图（杨治元，2005）

实验园：醉金香葡萄较低的双十字V形架（2014.7.9）

浙江海盐：双十字V形架（晁无疾，2002）

浙江海盐：红地球葡萄双十字V形架（2010.9.4）

安徽无为朱嗣军园：夏黑葡萄宽面双十字Ｖ形架（2010.5.25）

上海浦东新区平棋合作社：夏黑葡萄宽面双十字Ｖ形架（2013.7.12）

2.高宽垂架

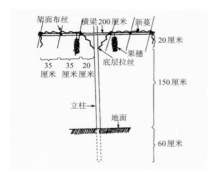

高宽垂（平）架模式图（杨治元，2005）

江苏宝应市王淮久园：红地球葡萄高宽垂（平）架（2011.9.7）

湖南常德郭友明园：红地球葡萄高宽垂（平）架（2011.9.27）

3.双十字Ｖ形架、高宽垂架改成Ｖ形水平架　行距2.5米及以上的园可改架，行距2.5米以下的园不宜改架。

实验园将双十字Ｖ形架改成Ｖ形水平架，分三步进行：

第一步：冬季初剪。改架园当年结果枝要放到15叶左右再强控。冬剪时将短枝、弱枝、没有成熟枝、病虫枝剪掉，其余枝均留下，仅剪掉顶部小枝。

第二步：拆架、建架。将原架拆除，建好Ｖ形水平架。可先布好2条底层拉丝，其余可推迟搭建。

第三步：结果母枝弯缚。选优质结果母枝均匀弯缚在底层拉丝上，不留空当，多余的枝剪掉。不影响下一年产量。

石灰氮涂枝部位：从底层拉丝下20厘米处向上涂，顶端二芽不涂。

冬季初剪后结果母枝（2011.12）

拆架后结果母枝（右）和上架后弯缚（左）（2012.1.4）

改架后夏季蔓、叶、果生长状（2011.5）

浙江淳安洪强葡萄园：双十字Ｖ形架改为Ｖ形水平架（2015.9.10）

安徽宣城双桥邹友清园：夏黑葡萄双十字V形架改为V形水平架（2013.4.12）

广西灵川县灵田乡：美人指葡萄双十字V形架改为V形水平架（2010.11.28）

（二）水平架改成V形水平架

水平架包括新梢向四边布展的水平架、新梢向两边布展的水平架、利用大棚架柱作为葡萄架柱的水平架、H型新梢向两边布展的水平架。各种形式的水平架，共同点是蔓、叶、果生长位置离畦面较高，多数园1.7米左右，少数园1.8米。

1.水平棚架

浙江路桥周善兵园：夏黑葡萄水平棚架（2013.5.9）

福建顺昌县田万建红园：红地球葡萄水平棚架（2011.8.24）

云南文山叶开彬园：
红地球葡萄水平棚架
（2011.8.11）

2. 日本式 H 型水平棚架　日本葡萄多数采用水平棚架。配套技术：稀植、H 型整枝、短梢冬剪。

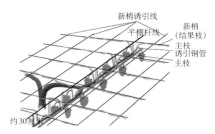

新梢诱引线
平棚杆线
新梢（结果枝）
主枝
诱引钢管
主枝
约30厘米

日本式 H 型水平棚架（赵宝明，2012）

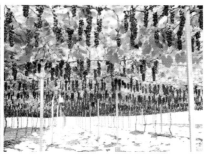

上海交通大学金山现代农业科技园：采用日本模式的夏黑葡萄挂果状
（肖俊，2012）

南京农业大学果树系，江苏张家港神园公司、江苏南通奇园公司等阳光玫瑰葡萄园，均采用H型水平架。宽行稀植，行距5.5米，株距3米，亩栽40株。

南京农业大学：阳光玫瑰葡萄H型水平架（2015.7.6）

江苏南通奇园公司：阳光玫瑰葡萄H型水平架（2015.7.19）

江苏张家港神园公司：阳光玫瑰葡萄H型水平架（2015.7.5）

3.水平架改成V形水平架　各种水平架蔓、叶、果管理，由于棚架较高，干活时双手上举较吃力，工效较低，特别是个子较矮的老人无法干活。

水平架改成V形水平架分两步进行：

第一步：布2条弯缚结果母枝的拉丝。2条拉丝位置在水平架下20厘米处。布拉丝方法要根据葡萄园情况定。

种葡萄行立葡萄架柱的园，在水平架下20厘米处架柱两边各拉1条拉丝即可。注意不宜拉1条拉丝。

种葡萄行没立葡萄架柱的园，在水平架下20厘米处葡萄植株两边拉2条拉丝。方法有两种：

一种：用一条短拉丝连接。上部扎在水平架面的拉丝上，下部扎在新架上的拉丝上，距离20厘米。

另一种：用木条或毛竹片连接。上部扎在水平架面的拉丝上，下部扎在新架上的拉丝上，距离20厘米。

第二步：摆布好结果母枝。结果部位降低20厘米，将结果母枝弯缚在新拉的2条拉丝上，要根据树体情况操作。

结果母枝下的主干，从上至下20～30厘米处能向下弯压，则向下弯压，然后将结果母枝弯缚在新拉的两条底层拉丝上。

结果母枝下的主干如较粗硬，不能向下弯压，则将结果母枝向下弯缚在新拉的两条底层拉丝上。

弯缚结果母枝要注意：选择径粗0.9厘米左右的优质结果母枝，弯缚时两条拉丝上结果母枝基本相连，不重叠即可，多余的枝蔓剪掉。

浙江临安市青山湖街道周海龙30亩葡萄园，原水平架，在水平架下20厘米处架柱两边拉2条拉丝，将结果母枝弯缚在2条拉丝上，即成为V形水平架。

浙江临安市青山湖街道周海龙园：
夏黑葡萄水平架（2015.12.17）

浙江临安市青山湖街道周海龙园：夏黑葡萄水平架改成V形水平架（2015.12.17）

浙江海盐西塘桥镇沈卫中园，葡萄种植行没有架柱，利用大棚两边立柱，于离畦面170厘米高处用拉丝横向、纵向构成水平架面。在葡萄种植行水平架下20厘米处拉2条拉丝，用毛竹片或木条固定。将结果母枝弯缚在2条拉丝上，即成为V形水平架。

浙江海盐西塘桥镇沈卫中园：葡萄种植行没有架柱，用木条固定住架面上拉丝和新拉的弯缚结果母枝的拉丝（2015.12.31）

三、拉丝位置不规范的葡萄架要进行调整

（一）建园时拉丝位置不规范

底层缚结果母枝的拉丝，至第一次6叶左右剪梢的距离以25～30厘米为宜，少于25厘米和大于35厘米均属于不规范。

少于25厘米，2芽冬剪2年，第一次6叶左右剪梢的位置要超出拉丝10多厘米，只能在5叶左右节位缚梢。大于35厘米，第一次缚梢、剪梢节位要在第7叶、甚至第8叶，较难与2芽冬剪配套。因此，拉丝位置不规范的葡萄架要进行调整。

底层拉丝较低，离第一次缚梢的拉丝超过35厘米，可将底层拉丝按规范标准适当提高。

底层拉丝和水平架位置均较规范，底层拉丝至第一次缚梢的距离太短或太长，可调整第一次缚梢拉丝的位置，以达到规范的距离。

浙江海盐百步镇金利明园：红地球葡萄，弯缚结果母枝的底层拉丝至第一次缚新梢距离43厘米，不能6叶剪梢（左）。将上部拉丝放低，弯缚结果母枝的底层拉丝至第一次缚新梢距离减至25厘米（右），可6叶剪梢。放低上部拉丝方法：用扎丝吊放下16厘米（2016.1.8／2016.5.11）

（二）底层拉丝中部下垂

有些葡萄园葡萄架柱间距6米及以上，几年后底层拉丝中部下垂，结果母枝不在一个水平面上，无法进行6芽水平一次性剪梢。因此应在这种架柱中间补立一根柱，将底层拉丝调整成水平线，这样就可进行6芽水平一次性剪梢。

中国农业科学院郑州果树研究所葡萄园：葡萄
架柱间距偏宽，5年后底层拉丝中部下垂20多厘米
（2016.3.6）

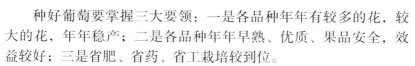

第六章
葡萄花芽分化

种好葡萄要掌握三大要领：一是各品种年年有较多的花，较大的花，年年稳产；二是各品种年年早熟、优质、果品安全，效益较好；三是省肥、省药、省工栽培较到位。

葡萄促花芽分化技术是种好葡萄第一项基本功，能够做到各品种在任何天气条件下都有较多的花，才可算掌握了这项基本功。

南方葡萄2芽冬剪遇到的问题：花序数量和质量。花序数量和质量能达到中梢冬剪的水平，能稳定产量，才能搞2芽冬剪；花量不够，花序偏小，产量不稳，就不能搞2芽冬剪。

南方葡萄2芽冬剪要达到稳产的花序数量和质量，就要了解葡萄花芽分化特性，要采取相应的配套技术，使花序较多，花序较大。

一、葡萄是花芽分化比较好的果树

管理到位的葡萄园，花芽分化好，投产早，产量比较稳定。

（一）主干上发出新梢有花序

据观察研究，欧美杂交种藤稔、巨玫瑰、鄞红、夏黑、早夏无核、金手指葡萄及欧亚种红地球、红乳、红芭拉多葡萄主干上发出新梢有花序。

实验园：巨玫瑰葡萄种植第二年，基节及以上各节发出新梢均有花序

实验园：金手指葡萄4年树龄，主干基部发出新梢有花序（2011.4.23）

实验园：红乳葡萄3年树龄，主干上发的芽是花序（2011.4.23）

实验园：红芭拉多葡萄4年树龄，主干隐芽上发出2条新梢均有花序（2013.4.8）

浙江海盐：藤稔葡萄种植第二年主干上发出新梢有2个花序（2011.5.1）

浙江龙游郑志义园：鄞红葡萄基部发出新梢有花序（2012.4.20）

浙江海盐金利明红地球葡萄园：3年树龄主干隐芽上发出3条新梢均有花序（2013.4.8）

实验园：早夏无核葡萄老枝上长出花序（2013.4.8）

（二）管理好的园一条新梢有2个花序

实验园欧美杂交种多数年份新梢双花率60%以上，欧亚种红乳、红芭拉多、维多利亚等品种新梢双花率80%以上。

实验园：大紫王葡萄3芽冬剪，结果枝径粗1.8厘米，发出2条新梢，4个大花序，坐果后果穗和着紫红色果穗（2007.4.13 / 2007.6.7 / 2007.7.30）

实验园：夏黑葡萄10年挂果，每年多数梢有2个花序（2012.4.8）

实验园：夏黑葡萄有2个花序（2013.4.4）

实验园：巨玫瑰葡萄单膜覆盖2个花序（2011.4.17）

实验园：鄞红葡萄单膜覆盖2个花序（2011.4.17）

浙江海盐金利明园：2011年种植夏黑葡萄，2012年每条梢有2个花（2012.4.10）

浙江龙游郑志义园：2011年种植夏黑葡萄，2012年每条梢有2个花（2012.4.20）

二、葡萄花芽分化两个阶段

（一）第一阶段：花序形态分化期

开花始期花芽开始分化，花序原基突状体出现，终花后2周第一花序原始体形成。一般花芽分化历经2个月左右，至硬核终期不再分化，进入休眠状态。是决定下一年有花、无花的时期。

实验园：红地球葡萄开花期，花芽开始分化（2010.4.28）

实验园：红地球葡萄见花67天，花芽基本停止分化（2011.6.27）

实验园：醉金香葡萄开花期，花芽开始分化（2011.4.17）

实验园：醉金香葡萄硬核终期，花芽停止分化（2011.6.16）

（二）第二阶段：花芽继续分化期

从伤流开始直至萌芽、展叶到10叶期，在上一年已形成花序原始体基础上先形成花托，展叶后1周形成花萼，第二周形成花瓣，第三周和第四周才出现雄蕊和雌蕊，7叶期形成胚珠，10叶期形成花粉粒，至此花芽分化才全部完成。是决定花芽继续分化还是退化的时期。

实验园：萌芽前1个月结果母枝涂石灰氮，过10多天进入伤流期，花芽继续分化开始（1998.3.2）

江苏常州礼嘉镇徐雪昌园：夏黑葡萄已萌芽，进入花托形成期（2011.4.14）

实验园：大紫王葡萄7叶期，已形成花萼、花瓣、雄蕊、雌蕊和胚珠（2010.3.20）

实验园：大紫王葡萄10叶期形成花粉粒，至此花芽分化才全部完成（2008.4.12）

三、花芽分化好与不好的标志

（一）花芽分化好的标志

1. 结果枝率较高　结果枝率：有花序的芽梢占冬芽数比率。如100个冬芽上发出的梢，有60条新梢上有花序，结果枝率为60%。

南方欧亚种结果枝率40%以上，每亩花序3 000个以上；欧美杂交种结果枝率60%以上，每亩花序4 000个以上。

花芽分化不很稳定的欧亚种红地球、美人指等葡萄，栽培技术到位，可连年稳产。

实验园：红地球葡萄2009—2015年连年稳产，2014年挂果状（2014.8.11）　　实验园：美人指葡萄2004—2015年连年稳产，2014年挂果状（2014.8.11）

2. 双花较多，花序较大的园花芽分化好

实验园：藤稔葡萄4年双膜栽培有2个花序（2011.4.17）　　实验园：醉金香葡萄4年双膜栽培有2个花序（2011.4.17）

实验园：红地球葡萄单膜栽培有2个花序（2011.4.17）

实验园：红地球葡萄双芽发出两条新梢均有2个花序（2012.4.1）

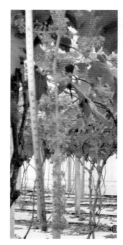

浙江海盐金利明园：红地球葡萄花序长达35厘米

浙江海盐蔡全法园：红地球葡萄花序（2012.4.22）

浙江桐乡沈金跃园：红地球葡萄花序（2012.4.14）

实验园：红芭拉多葡萄，花序长达30多厘米（2013.5.12）

实验园：秋红葡萄，花序长达40厘米（2013.5.12）

浙江海盐：夏黑葡萄花序长达37厘米（2012.5.2）

（二）花芽分化不好的标志

1. 南方结果枝率20%以下，每亩花序1 000个以下

浙江海盐于城：红地球葡萄2011年基本无花（2011.4.9）

浙江海盐武原街道：红地球葡萄2011年亩产仅750千克（2011.8.21）

浙江海盐武原镇：醉金香葡萄花很少（2011.5.1）

浙江海盐武原镇：藤稔葡萄基本无花

比昂扣葡萄花很少（2011.4.9）

浙江海盐武原镇：2年树龄美人指葡萄，1亩仅80个花

2. 花序小，花序带卷须

藤稔葡萄花序小（2011.4.20）

比昂扣葡萄花序未分化好（2011.4.26）

红地球葡萄花序小（2012.4.14）　　　　花序上带卷须，花芽分化不好

3. 花序着生节位高　　多数欧美杂交种花序着生在第四节位。欧亚种花序着生节位因品种而异，因花芽分化好与不好而异。花芽分化不稳定的欧亚种红地球、美人指等葡萄，花芽分化好的园花序着生在第四节位，有的第三节位；花芽分化中等的园，花序着生在第五节位占多数；花芽分化不好的园，部分花序着生在第六节位，甚至第七节位。调查到美人指葡萄花序着生在第八节位。

红地球芽变葡萄花序　　红地球芽变葡萄花序　　红地球芽变葡萄花序
着生在第四节位　　　　着生在第五节位　　　　着生在第六节位

温克葡萄花序着生在第七节位　　　　美人指葡萄花序着生在第八节位

四、影响花芽分化的因子

（一）营养

花芽分化和花芽继续分化好与不好，主要取决于树体营养，尤其是新梢中、下部冬芽营养。

第一阶段：花序形态分化期，光照好，叶片好，光合营养较多，蔓、叶管理到位，施肥较科学，树体营养好，有利花芽分化。

第二阶段：花芽继续分化期，7叶期前萌芽、新梢生长所需营养主要来源是树体内积存的营养，而第二阶段花芽继续分化期主要决定于树体自身积累的营养。

（二）温度

第一阶段：花序形态分化期，最适宜温度为25～30℃。20℃以下大部分品种不能很好地形成花芽，35℃以上也较难形成花芽。

第二阶段：花芽继续分化期，萌芽后遇0℃以下低温新梢要冻死。大棚栽培封膜后至开花前，棚温超过35℃时间较长，已分化好的花芽会退化；超过40℃时间较长，已分化好的花芽会"流产"。

大棚栽培棚内两种温度计

实验园：自动记载棚内温、湿度仪

（三）光照

光照时间长，光照强度大，光合作用提供较多能量，较容易形成花芽和有利花芽继续分化；光照不足，包括大棚栽培、避雨栽培，以及枝蔓过密等，均影响花芽的形成和花芽继续分化。

葡萄叶片光合作用受温度影响，光合作用最适宜温度为26～30℃，35℃以上气孔关闭，光合作用停止。

实验园：大棚栽培双膜覆盖

浙江海盐何其明园：大树旁的一二行红地球葡萄，因光照不足影响花芽分化和果实着色

浙江海盐：大树旁的第二行葡萄，因光照不足影响花芽分化每米2～3个花（2013.7.23）

浙江海盐：大树旁的第一行葡萄，因光照不足影响花芽分化，每米1个花

（四）水分

花芽分化第一阶段如水分过多，促使营养生长过旺，消耗了大量养分，或根系生长不良，吸收营养减少，均影响花芽分化。秋季干旱天气，土壤过干，导致植株体内生理失调，营养积累减少，影响第二阶段花芽继续分化，导致花芽退化。

浙江海盐：果实成熟期受涝葡萄园（2010.8.2）

浙江龙游：红地球葡萄园浅沟中一直积水（2011.8.25）

（五）激素

植株体内各种内源激素协调，有利花芽分化和花芽继续分化；各种内源激素不协调，利于营养生长，不利花芽分化和花芽继续分化。

五、与葡萄花芽分化关系密切的栽培技术

2芽冬剪基部2芽分化和花芽继续分化好与不好，主要决定于基部2芽的营养。凡有利于基部2芽营养积累的栽培措施，有利于花芽分化；凡不利于基部2芽营养积累的栽培措施，会导致无花。

总结实验园2芽冬剪实践和生产园2芽冬剪的经验，影响基部2芽花芽分化关键性栽培技术主要有：

（一）新梢摘心节位

1. 第一次摘心早、节位低有利花芽分化　基部2个冬芽营养积累多，能促使花芽分化。

实验园进行2芽冬剪的20个品种实践表明，在开花前15天左右，及时在6片叶左右节位一次性剪梢，花芽分化均较好。

考察浙江、上海、江苏、安徽9块葡萄园，采用6叶剪梢2芽冬剪，花均较多。

2. 第一次摘心晚、节位高不利花芽分化　基部2个冬芽营养积累少，会导致花少、花序小，特别是红地球、美人指葡萄园有的基本无花序。

浙江海盐通元镇褚方明：3亩红地球葡萄，2014年第一次8叶左右剪梢，2015年2芽冬剪基本无花序。

浙江嘉兴南湖区沈祖红：6亩藤稔葡萄，2014年开始开花时11叶节位摘心，2015年3芽冬剪，花序少、花序小，亩产量仅750千克。

浙江嘉兴南湖区凤桥镇沈祖红园：藤稔葡萄2014年开花期11叶摘心，2015年3芽冬剪，每米仅4个花序，比6芽冬剪每米8个花序减少一半

浙江嘉兴南湖区凤桥镇沈祖红园：红地球葡萄2014年8叶摘心，2015年3芽冬剪，每米仅5个花序，比8芽冬剪每米10个花序减少一半（2015.6.7）

（二）设施栽培棚内温度调控

大棚栽培棚温适当有利花芽分化：棚温26～30℃，叶片光合作用强，光合产物积累多，有利花芽分化。

棚温过高不利花芽分化：棚温30℃以上，叶片气孔关闭，叶片光合作用弱，光合产物积累少，不利花芽分化；棚温超过35℃时间较长，营养积累更少，花芽分化更差。

棚温调控的主要两个时期：

1. 第一阶段花芽分化期　开始开花至硬核期的2个月为花序原基形成期，此期棚温超过35℃时间较长，会严重影响花芽分化，花序少、花序小，甚至无花。

（1）大棚栽培开花期至硬核期高温影响花芽分化　葡萄开始开花也就是下一年花芽开始分化。少数红地球葡萄园开花期棚温调至37～39℃，目的是促使落果。但是如果开花期高温导致落果过多，不仅影响当年产量和果穗质量，而且明显影响花芽分化，下一年花序少、花序小。

浙江海盐于城镇叶明波园：红地球葡萄，4年树龄，2010年10行连体大棚，仅中间一条中膜调温，直至葡萄采完，全期处于高温状态，2011年基本无花（2011.4.9）

浙江海盐九斤园：红地球葡萄，4米高连棚，上部盖很密的防虫网，散热较差，2013年花序很少，2014年每米3.1个花，花序小，果穗均重仅500克左右，亩产不到500千克（2014.7.7）

浙江海盐武原：花芽分化期继续封四周围膜，易产生高温热害（2013.7.5）

浙江海盐武原：花芽分化期棚一头围膜继续封住，易产生高温热害（2013.7.5）

浙江海盐武原：连体大棚，花芽分化期两膜间封闭，棚温一直偏高

浙江临安：至6月中旬尚未揭高两棚间棚膜

浙江嘉兴：连体棚，花芽分化期中间连膜隔行揭除，棚温还会偏高（2013.5.30）

江苏省常州市礼嘉镇：2010年夏黑葡萄大棚栽培，由于两膜间散热带仅20厘米，全期高温，2011年每株仅9个花序（2011.4.14）

江苏省常州市礼嘉镇：夏黑葡萄，2011年第一年大棚栽培，每株有71个花序（2011.4.14）

（2）避雨栽培没有散热带影响花芽分化　调查到福建顺昌，浙江龙游、永康等地，红地球、夏黑等葡萄避雨栽培两膜相连，中间没有散热带，晴天棚内温度35℃以上时间较长，严重影响花芽分化。调查到福建顺昌一块红地球葡萄园棚四周花序较多，棚内花序较少，是热害造成的。

福建顺昌郑坊镇：红地球葡萄避雨棚两棚相连，高温热害棚内花序少（2014.4.28）

福建顺昌：红地球葡萄避雨栽培，2010年坐果后至成熟两棚间边膜未揭，高温热害，2011年果穗四周多，中间明显少（2011.8.13）

浙江龙游郑志义园：2011年种夏黑葡萄20亩，2012年避雨栽培，棚膜封闭较好，全期棚内温度较高，2013年基本无花（2013.3.28）

浙江永康市前仓镇避雨栽培两种建棚方式，两棚中间散热带不一样，花芽分化也不一样。

两棚的棚膜基本相连，中间的葡萄易受高温热害，花序少，花序小（2015.4.13）

两棚的棚膜中间有40厘米左右散热带，棚中间花芽分化正常（2015.4.13）

2. 第二阶段花芽继续分化期　伤流期开始至10叶期，是花芽继续分化期。此时棚温超过35℃时间较长，花序原始体萎缩、退化，大花序退化为带卷须的小花序，小花序退化为卷须。棚温超过40℃时间较长，已分化的花序原始体消失而"流产"。

封膜后至萌芽期，缺乏大棚管理经验的果农，误认为葡萄尚未萌芽，棚温高些有利萌芽。事实却相反，此时棚温过高，也会导致花芽退化。

浙江海盐：红地球葡萄已分化的花序，在新梢生长过程中退化状（2015.4.12）

浙江义乌市义亭镇：夏黑葡萄封膜后高温时间较长，每米仅1个花（2011.4.26）

浙江海盐于城陈佩红园：8亩红地球葡萄，4年树龄，封膜后连续高温，2011年基本无花（2011.4.9）

浙江海盐百步金小凤园：6亩红地球葡萄，2013年封膜后连续高温基本无花（2013.3.2）

浙江海盐武原陈宝明园：藤稔葡萄，2011年封膜后连续高温基本无花（2011.5.11）

浙江海盐武原钱国军园：藤稔葡萄，2011年封膜后连续高温基本无花（2011.4.29）

浙江海盐百步金小凤园：藤稔葡萄，2013年封膜后连续高温基本无花（2013.3.2）

（三）树体营养

树体营养好，一般冬芽营养也好，有利花芽分化。如树体营养不好，冬芽营养也不会好，不利于花芽分化。

1. 花芽分化第一阶段　主要体现在单蔓营养，新梢营养好，冬芽营养也好，全条新梢各个冬芽花芽分化均较好。

2001年实验园在4年树龄的美人指葡萄上搞过实践，双十字V形架，一条新梢长放，6叶分次摘心，冬剪时留53个芽，第二年41个芽发出，有花序新梢28条，第二节位和第五十三节位发出新梢均有花序。

2013年实验园在7年树龄的夏黑葡萄上实践，V形水平架，采用2芽冬剪的栽培技术，2013年冬剪时前部2条蔓14个节位全部留下，向前弯缚，其余2芽修剪。2014年2条长蔓各发出12条新梢，均有花序。

2014年实验园在新种的早夏无核葡萄上实践，大棚栽培，双十字V形架，4主蔓培育，6叶剪梢，任其生长，冬剪时架面上放至8米，反向弯缚，2条蔓布满架面，萌芽率达92%，发出的新梢均有花序，双花率达52%。

上述3个品种实践表明，只要单蔓营养积累好，冬芽饱满，花芽分化较好。

单蔓营养积累好的标志：粗度适中，冬芽饱满；枝蔓第二节中间径粗0.8～1.0厘米，以0.9厘米左右较为理想。枝蔓径粗超过1.2厘米，基部几个冬芽不饱满，有的扁平，发出的新梢花序少、花序小，有的无花；枝蔓径粗小于0.8厘米，树体营养积累少，不利花芽分化。

单蔓营养积累好要体现在全园，全园的新梢粗度均匀，无超粗枝、过细枝，全园的花芽分化也就好。

全园枝蔓粗度适中，关键是全园定梢量适当，梢距均匀。

2. 花芽分化第二阶段　主要体现于夏、秋季树体营养积累。这一阶段中、下部冬芽营养积累影响因子：

（1）秋季叶片　秋季叶片保护好、培育好，光合作用强，光合产物积累多，有利花芽继续分化；秋季早落叶或秋季叶片质量差，冬芽营养积累少，不利花芽继续分化。

欧亚种红地球、美人指等葡萄：9月落叶，枝蔓不能充分成熟，冬剪后结果母枝半死半活，非但无花，而且部分芽发不出。

欧美杂交种夏黑葡萄：9月落叶，树体营养积累少，枝蔓不能充分成熟，花序少、花序小。

花芽分化好的欧美杂种，如巨峰、醉金香、藤稔等葡萄：秋季早落叶也影响花芽继续分化，表现为花序小。

秋季叶片好与不好，主要影响因子：

① 霜霉病防治好与不好。霜霉病没有及时防治好，叶片早落，树体营养积累少，严重影响花芽继续分化。

浙江海盐县武原镇夏寿明园：红地球葡萄4年树龄，2010年9月因霜霉病早落叶，2011年萌芽后树体半死半活，基本无花序（2011.4.9）

浙江诸暨江藻镇寿路园：2011年种美人指葡萄70亩，2012年8月霜霉病未防好，早落叶，导致2013年有40亩亩花序量300多个，30亩亩花序量600多个（2013.4.7）

安徽宣城许杨友园：夏黑葡萄露地栽培，2010年8月因霜霉病早落叶，2011年少数株新梢发不出，新梢发出的树无花序（2011.5.24）

安徽舒城县程锋园：2010年种的50亩夏黑葡萄，8月因霜霉病早落叶，2011年基本无花序（2011.5.26）

浙江奉化张龙标园：2010年种的夏黑葡萄，秋季霜霉病早发生，9月叶片落光，2011年没有花序（2011.4.20）

② 肥水条件。园地肥水较好，树体生长健旺，秋叶好，树体营养积累多，有利花芽继续分化；肥少水缺，叶片提早黄化，影响树体营养积累，影响花芽继续分化。

浙江海盐县通元镇常泉林园：红地球葡萄，2010年葡萄售完有1/3园叶片老化早，2011年花序少（2011.4.23）

浙江云和：巨峰系葡萄2010年8月底叶片基本落光，2011年花序小（2010.8.30）

（2）高产栽培，超量定梢

适产栽培：秋季新梢老熟早，新梢充实，有利花芽继续分化。超高产栽培，秋季新梢营养积累少，枝蔓不充实，不利花芽继续分化。

超量定梢高产栽培：全园新梢偏细，树体营养积累少，尤其中、下部冬芽营养积累少，影响花芽继续分化。

（3）新梢粗度　当年新梢是下一年结果母枝。实验园20多年中栽种过140多个品种，实践结果表明，挂果树和当年种植树新梢粗度与下一年花量关系密切。表现在：

浙江海盐通元：红地球葡萄，梢距11.8厘米，亩定梢4 250条，花期架面郁闭，影响花芽分化和花芽继续分化（2010.5.20）

浙江海盐武原：红地球葡萄，2010年梢距11.1厘米，亩定梢4 450条，到晚秋新梢不成熟，2011年每米仅6个花序（2010.10.18）

浙江海盐武原镇苏月均园：红地球葡萄4年树龄，2010年亩产2 100千克，2011年每米12.2个花序（2011.4.9）

浙江海盐武原镇苏月均园：红地球葡萄4年树龄，2010年亩产3 000千克，2011年每米5.8个花序（2011.4.9）

浙江海盐县武原镇钱洪祥园：藤稔葡萄2010年高产，销售时果实变软，2011年花序少（2011.4.9）

浙江诸暨市暨阳街道付其正园：美人指葡萄，2012年亩产量3 000多千克。树体营养积累很少，2013年1/3树体芽发不出，亩花量仅300多个（2013.4.7）

中粗枝：冬剪时结果母枝径粗0.8～1.0厘米，只要秋叶保护好，枝蔓充实，花序较多，花序较大，以径粗0.9厘米左右较理想。

超粗枝：结果母枝径粗1厘米以上，冬芽不饱满，花序少，花序小；径粗1.2厘米及以上，冬芽扁平，芽难萌发。花芽分化好的品种可能有花序，但花序小。

偏细枝：结果母枝径粗0.8厘米以下，花芽分化好的品种可能有花序，但花序小；花芽分化不稳定的品种，如红地球、美人指等基本无花序。

（4）自然灾害：台风（热带风暴）危害，刮破、刮落叶片；秋季淹水受涝，根系受伤害，导致叶片早落；秋旱不供水，叶片提早黄化等，均导致树体营养积累少，严重影响花芽继续分化。

2012年8月8日"海葵"台风入侵海盐，棚膜刮破的园，台风过后立即重新覆膜保好叶片，花芽继续分化基本没有影响；未重新覆棚膜的园，叶片发生霜霉病未防治好，对花芽继续分化影响较大。

海盐武原何其明园：红地球葡萄，8月8日"海葵"台风刮破棚膜情况（2012.9.12）

何其明红地球葡萄园，左：棚膜没有刮破秋叶还好，右：棚膜刮破秋叶不好（2012.9.12）

何其明红地球葡萄园，棚膜没有刮破秋叶还好的树，2013年每米5.1个花序（2013.4.4）

何其明红地球葡萄园，棚膜刮破秋叶保护不好的树，2013年每米3.2个花序（2013.4.4）

海盐通元钱建军园：红地球葡萄，8月8日"海葵"台风刮破棚膜，秋叶早落，2013年无花（左）；台风过后即落叶树，2013年半死半活（右）（2013.4.4）

海盐通元钱建军园：美人指葡萄，8月8日"海葵"台风没有刮破棚膜，秋叶较好，2013年每米9个花序（2012.9.12/2012.11.14）

海盐通元钱建军园：美人指葡萄，8月8日"海葵"台风刮破棚膜未覆新膜，秋叶早落，2013年无花序（2012.9.12/2012.11.14）

第七章
葡萄2芽冬剪促花芽
分化配套技术

　　促花芽分化关键技术：及时6叶左右剪梢，设施栽培防好高温热害和增加树体营养积累。

　　海盐县农业科学研究所通过办葡萄培训班和实验园示范，以6叶左右剪梢为主的蔓叶数字化管理技术已在生产上推广。如浙江杭州市富阳区章中焕在参加了浙江省农业科学院于2015年9月18日办的全省高层次新型职业农民葡萄产业带头人知识更新培训班，听了杨治元老师讲的"葡萄6叶剪梢+2芽冬剪配套栽培新技术"后，他的葡萄园自2016年开始，蔓叶管理改变了以往开始开花11叶摘心的习惯，全部采用6叶剪梢新技术。

浙江杭州市富阳区章中焕园：80多亩葡萄，各品种均采用6叶一次性剪梢

一、以6叶左右剪梢为主的蔓叶数字化管理

（一）及时等距离规范定梢，推广扎丝缚梢

1. 及时定梢 多数新梢长至7片叶左右及时定梢。推迟定梢将影响花序发育，影响新梢生长，定梢越晚影响越大。

2. 按叶片大小和果实日灼程度合理定梢 这是保证全园新梢径粗0.9厘米和防止果实日灼的关键技术。

（1）大叶型品种：11片叶左右平均每张叶片叶面积150厘米^{2}以上，如藤稔、无核早红、醉金香、夏黑、早夏无核、无核白鸡心等品种，梢距20厘米，亩定梢2 500条左右。

实验园：夏黑葡萄梢距20厘米（2011.4.8）

实验园：醉金香葡萄梢距20厘米（2012.4.6）

实验园：藤稔葡萄梢距20厘米（2012.4.6）

（2）中叶型品种 11片叶左右，叶面积100～149厘米^2，如巨峰、巨玫瑰、鄞红等多数品种，梢距18厘米，亩定梢2 700～2 900条。

彩图版
葡萄6叶剪梢2芽冬剪配套栽培新技术

实验园：巨玫瑰葡萄梢距18厘米
（2012.4.8）

实验园：巨峰葡萄梢距18厘米
（2012.4.6）

实验园：红芭拉多葡萄梢距18厘
米（2014.4.5）

实验园：鄞红葡萄18厘米定梢
（2014.4.14）

实验园：阳光玫瑰葡萄18厘米定
梢（2014.4.5）

实验园：温克葡萄18厘米定梢
（2015.4.2）

实验园：比昂扣葡萄18厘米定梢
（2010.5.19）

实验园：红乳葡萄18厘米定梢
（2011.4.8）

实验园：夏至红葡萄18厘米定梢
（2014.4.5）

实验园：红太阳葡萄18厘米定梢
（2012.4.28）

实验园：辽峰葡萄18厘米定梢
（2011.4.8）

实验园：宇选1号葡萄18厘米定梢
（2011.4.8）

实验园：黑彼得葡萄18厘米定梢（2012.4.28）

实验园：霸王葡萄18厘米定梢（2012.4.28）

（3）小叶型品种：11片叶左右，叶面积100厘米^{2}以下，如维多利亚、金手指等品种，梢距16厘米，亩定梢3 100～3 300条。

实验园：金手指葡萄（小叶片）梢距16厘米（2011.4.8）

实验园：维多利亚葡萄（小叶片）梢距16厘米（2012.4.6）

实验园：红地球葡萄（易日灼）梢距16厘米（2015.4.8）

（4）果实易日灼品种　如红地球、大紫王、美人指、秋红、翠峰等品种，均属中叶型，但不宜按中叶型品种定梢，要适当缩小梢距，增加新梢量，增加叶片数，以利用叶幕遮果，防止果实日灼。梢距16厘米，亩定梢3 100～3 300条。

实验园：美人指葡萄（易日灼）梢距16厘米（2015.4.6）

实验园：大紫王葡萄（易日灼）梢距16厘米（2015.4.8）

3. 超量定梢园抹除多余的梢 超量定梢园全园新梢偏细；定梢稀密不匀的园，定梢太密部位新梢偏细。偏细的新梢单蔓营养积累少，尤其中、下部冬芽营养积累少，影响花芽分化，坐果也不好。因此，超量定梢园和定梢稀密不匀的园应抹除多余的梢。

浙江海盐通元：红地球葡萄梢距11.8厘米，亩定梢4 250条，花期架面郁闭，影响坐果和花芽分化（2010.5.20）

浙江海盐武原：红地球葡萄梢距11.1厘米，亩定梢4 450条，到晚秋新梢不成熟，2011年每米仅6个花序（2010.10.18）

4. 巨峰、鄞红葡萄前期可适当多留梢　巨峰，鄞红葡萄前期可适当多留梢，后按计划定梢量抹除较粗的梢，可避免新梢太粗影响坐果。

浙江宁波鄞州区王岳鸣园：鄞红葡萄，前期适当多留新梢，有的芽发出双梢均留，新梢长至60多厘米，按计划定梢量抹除较粗的梢（2010.4.17）

浙江奉化唐卫宝园（左）和郑凯波（右）园：鄞红葡萄，前期适当多留新梢，新梢长至60多厘米，按计划定梢量抹除较粗的梢（2012.4.25）

浙江龙游郑志义园：鄞红葡萄（左）、巨峰葡萄（右）前期适当多留新梢，新梢长至60多厘米，按计划定梢量抹除较粗的梢（2012.4.21）

5.**等距离定梢** 如稀密不匀，定梢稀的部位枝蔓会超粗，定梢密的部位枝蔓偏细，影响花芽分化，影响坐果。

6.**推广扎丝缚梢，提高工效** 经多年实践，扎丝缚梢的好处：

成本低：2015年售价，每条1分，每亩5 000条50元，可用3～5年，每年仅10多元。

速度快：比塑料带缚梢提高工效2倍左右，每亩可节省2个工左右。

可等距离规范定梢，实行蔓、叶数字化管理。

扎丝规格质量：型号为5.5，扁形宽2毫米，长12厘米，1 000条重420克左右。

实验园：缚梢前先缚好扎丝

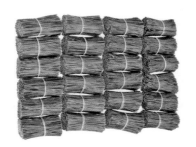

扎丝1 000条一捆约420克

用塑料带缚梢，1分钟缚5条梢（2015.4.13）

（二）第一次6叶左右及时剪梢

第一次6叶左右及时剪梢是各品种花序多、花序较大的关键技术，是2芽冬剪促花芽分化的基础性技术。

1.**改多次摘心为一次性水平剪梢** 为提高工效，实验园改多次摘心为一次性水平剪梢，不单独摘卷须，剪梢1亩园用时90分钟左右。

2. 剪梢要及时　不能多数新梢长至8叶以上再在6叶节位剪梢，剪梢应及时。剪梢前应初步定好梢。

一次性剪梢

原方法摘心　　　　　　　不单独摘卷须

3. 可先缚好梢再及时剪梢　萌芽较整齐，新梢生长较一致的园，可及时缚梢，在缚好多数新梢后及时剪梢。

实验园：藤稔葡萄第一次6叶左右一次性水平剪梢（2010.3.26）

浙江海盐于城朱利良园：红地球葡萄7叶左右一次性剪梢（2011.4.23）

浙江海盐于城蔡全法园：红地球葡萄6叶左右一次性剪梢（2011.4.29）

4. 也可先剪梢后缚梢 多数新梢已长至7叶，到了剪梢期尚未缚梢，应先剪梢，过5天左右及时缚梢，最晚在开始开花前缚好梢。

如在开花期缚梢，新梢直立的中部较密，花序部位通风透光较差，易诱发花期病害。开始开花期花序要喷防灰霉病、穗轴褐枯病的农药，如未定好梢，新梢密集在中间，喷药量较多，如定好梢可减喷药量。

实验园：醉金香葡萄V形水平架先缚梢后剪梢（2010.4.6）

实验园：醉金香葡萄V形水平架先摘梢后缚梢（2016.3.23）

江苏宝应王淮久园：红地球葡萄先剪梢后缚梢（2014.4.20）

（三）第二次剪梢、第三次摘心

1. 不保果栽培品种 采用"6+4"叶剪梢+5叶摘心，每次剪梢或摘心间隔20天左右。

实验园：红地球葡萄，开花前15天第一次6叶左右水平剪梢（2011.4.8）

实验园：红地球葡萄，开花第四天，第二次10叶左右水平剪梢（2011.4.28）

实验园：红地球葡萄，开花26天左右第三次15叶左右分批摘心（2011.5.19）

实验园：醉金香葡萄第一次6叶剪梢（2008.4.9）

实验园：醉金香葡萄第二次10叶剪梢（左：剪好梢，右：未剪好梢）（2010.4.28）

实验园：醉金香葡萄第三次15叶摘心（2012.5.17）

2. 保果栽培品种和坐果较好的品种 采用6叶剪梢+9叶摘心。

实验园：夏黑葡萄第一次6叶左右剪梢后叶幕（2013.3.26）

实验园：夏黑葡萄第二次15叶左右摘心后叶幕（2013.5.24）

实验园：藤稔葡萄第一次6叶左右一次性水平剪梢（2008.5.5）

实验园：藤稔葡萄第二次15叶左右分批摘心（2008.6.21）

（四）水平棚架剪梢时期与方法

第一次：6叶左右定好梢，于6叶左右节位同一高度水平剪梢。剪梢期在开花前12~15天。

第二次：分两种园，一种是剪梢后顶端新梢长势较旺的园，在12叶左右节位摘心；另一种是顶端新梢长势不旺或较弱的园不必摘心。

浙江象山：水平棚架7叶第一次剪梢（2012.4.26）

（五）副梢处理

1.果实易日灼的品种 如红地球、大紫王、美人指、秋红、翠峰等，原采用果穗上留4条副梢叶幕遮果防果实日灼。但这种办法在实践中存在处理副梢用工较多的问题。

浙江海盐蔡全法红地球葡萄园，采用适当多留新梢、不留副梢叶幕遮果的方法，果实基本没有日灼。这样可减少处理副梢用工，节省工本。

V形架梢距从18厘米调整为16厘米，亩定梢从2 800条左右调整为3 100条。特别注意：要等距离定梢，如稀密不均匀，定梢稀的部位果实会发生日灼。

浙江海盐蔡全法园：红地球葡萄，梢距16厘米不留副梢，叶幕能遮果防果实日灼（2015.4.8 /2015.7.9）

实验园：红地球葡萄花序及以下副梢剪梢后5天以上抹除（2012.4.18）

浙江海盐武原金建林园：红地球葡萄副梢及时抹除，叶幕上不见嫩梢（2014.6.6）

顶端副梢处理：达到叶片数后其顶端副梢强控，反复抹除；果实销售后再发出副梢也应剪去。

剪梢与副梢处理间隔期：第一次剪梢（摘心）与处理下部副梢间隔期5天以上，可避免冬芽逼发。

2.果实不易日灼的品种　多数品种属这一类，副梢分批全抹除。剪梢和处理副梢间隔期5天以上，防止冬芽逼发。达到叶片数顶端发出梢及时全抹除。

实验园：夏黑葡萄抹除花序以下副梢（2012.4.13）

实验园：藤稔葡萄及时抹除花穗以下副梢（2012.4.9）

实验园：醉金香葡萄抹除花序以上副梢（2009.4.28）

实验园：醉金香葡萄抹除花序以下副梢（2014.4.9）

实验园：藤稔葡萄2次剪梢后及时抹除顶端梢（2013.4.27）

顶端发出副梢强控。达到叶片数，顶端发出副梢反复抹除。

实验园：藤稔葡萄达到15张叶片，顶端发出副梢强控（2013.4.22/2013.5.25）

实验园：藤稔葡萄抹除顶端副梢后叶幕（2013.4.27）

浙江海盐于城镇林胜华园：红地球葡萄，及时处理顶端刚发出的芽梢，叶幕上没有嫩梢（2015.7.9）

3.7、8、9月继续处理副梢 7、8、9月大棚栽培多数品种陆续售完，少数晚熟品种至国庆还在销售。已销售完和正在销售的园副梢继续生长，会导致架面郁闭，有的顶梢伸长到旁边株，有的顶梢伸长至畦面。果实尚未销售完的园影响果穗着色，诱发果实病害；果实销售完的园消耗大量营养。因此，7、8、9月要继续处理副梢。

浙江海盐武原富菊明园：红地球葡萄开始销售时及时处理顶端发出的嫩梢（2015.7.22）

浙江海盐何其明园：红地球葡萄开始销售抹除多留的副梢（2013.8.22）

实验园：9月份继续处理副梢（2013.9.7）

实验园：大紫王葡萄及时连续抹除副梢上发出副梢和顶端新梢（2014.7.31）

4.葡萄采果后继续处理副梢 葡萄采果后，顶端副梢发得较快，会发出数条副梢，消耗较多营养，架面郁闭，影响叶片光合作用。因此，根据副梢发生情况要及时多次抹除。

实验园：葡萄销售后继续处理顶端发出的梢（2015.7.24）

实验园：早夏无核葡萄采果后，顶端发出副梢架面郁闭（2015.8.20）

实验园：早夏无核葡萄采果后，抹除顶端发出副梢，架面通风透光好（2015.8.20）

实验园：大紫王葡萄采果后继续抹除顶端发出副梢（2015.8.20）

实验园：阳光玫瑰葡萄采果后继续抹除顶端发出副梢（2015.8.20）

实验园：巨玫瑰葡萄采果后继续抹除顶端发出副梢（2015.8.20）

实验园：红地球葡萄及时处理副梢，棚面上没有嫩梢（2010.10.6）

浙江海盐武原王雪明园：大紫王葡萄及时处理副梢，棚面上没有嫩梢（2010.9.12）

二、大棚栽培调控好棚温，防冻害，防高温热害

葡萄大棚促早熟栽培应采用相配套的促早熟栽培技术，才能达到早熟效果。促早熟栽培中还要调控好棚温，防好冻害，防好高温热害，以实现连年稳产。

（一）适时覆膜，覆好棚膜，管理好棚膜

1. 适期封膜 要根据当地1月寒潮入侵情况，适期封膜。封膜期不能太早，也不宜太晚。在防好冻害、雪害前提下，各地适宜封膜期：

（1）单膜覆盖封膜期 当地露地栽培萌芽期前50～60天为最早封膜期。

浙江湖州、临安、建德、淳安：封膜期为2月上旬。

浙江嘉兴：封膜期为1月20日前后。

浙江宁波、绍兴、杭州、舟山、金华、丽水、衢州：封膜期为1月中旬。

浙江台州、温州：封膜期为1月上旬。

上海、江苏南部：封膜期为2月上旬。

江苏北部：封膜期为2月中旬。

湖北公安：封膜期为1月中旬。

云南建水、元谋：夏黑葡萄果实4月初开始成熟，覆膜期为11月底。

浙江海盐王雪明园：单膜覆盖，1月20日封膜（2008.3.18）

海盐武原：单膜覆盖，1月20日封膜（2008.1.20）

（2）双膜覆盖封膜期　外膜最早封膜期为当地露地栽培萌芽期前70～80天，内膜覆膜期为外膜封膜后7～10天。各地最早外膜封膜期：

浙江湖州、临安、建德、淳安：外膜封膜期为1月中旬。

浙江嘉兴：外膜封膜期为1月上旬。

浙江宁波、绍兴、杭州、舟山、金华、丽水、衢州：外膜封膜期为12月底。

浙江台州、温州：外膜封膜期为12月下旬。

上海、江苏南部：外膜封膜期为1月中旬。

浙江嘉兴秀洲陈剑明园：双膜覆盖，1月初封外膜（左，2008.1.20），1月10日覆内膜（右，2010.1.13）

江苏北部：外膜封膜期为1月下旬。

湖北公安：外膜封膜期为1月上旬。

（3）暖冬天气封膜期要适当推迟　浙江海盐生产园调查，2016年双膜覆盖栽培，外膜封膜距萌芽30天左右。

海盐元通百合美农场，藤稔葡萄40亩双膜覆盖栽培，2015年12月10日封外膜，12月15日覆内膜，萌芽期1月10日，外膜封膜距萌芽31天。

海盐元通建根农场，夏黑、醉金香葡萄42亩双膜覆盖栽培，2015年12月22日封外膜，2016年1月6日覆内膜，萌芽期1月21日，外膜封膜至萌芽30天。

海盐元通建根农场园：夏黑、醉金香葡萄双膜覆盖栽培，2015年12月22日封外膜，2016年1月6日覆内膜，萌芽期1月21日（2016.1.21）

2016年双膜覆盖栽培外膜封膜至萌芽比往年缩短10天左右，分析原因是2015年12月中、下旬，2016年1月上、中旬是暖冬天气。

海盐县气象站资料，2015年12月11日至2016年1月20日41天，平均气温6.87℃，比2011年至2015年同期平均气温4.66℃高2.21℃，40天中积温增加90.6℃，导致萌芽期提早。

气温高，晴天双膜棚内温度上升较快，如气温达到6℃的晴天，双膜棚内的温度会达到甚至超过30℃，双膜棚内的积温比气温积温成倍增加。因此，气象预报是暖冬天气，封膜期要适当推迟，如封膜偏早，棚温适当调低些，避免萌芽期太早而导致冻害。

（4）不揭棚膜的大棚，封膜期要适当推迟 浙江嘉兴地区大棚栽培园，2015年秋冬不揭棚膜的较多。不揭棚膜的园，双膜栽培比秋冬揭棚膜的园萌芽期要提早10天左右。如嘉兴秀洲区陈方明，2015年秋冬不揭除棚膜，2015年12月22日封外膜，12月25日覆内膜，2016年1月10日萌芽，封膜至萌芽仅20天。

浙江嘉兴部分双膜栽培园，2015年12月20日前后封外膜，12月底覆内膜，2016年1月10日前后萌芽，封外膜至萌芽仅20天左右。比10月揭除棚膜，12月20日前后封外膜，萌芽期提早10天左右。

分析原因：不揭除棚膜，11～12月覆膜阶段比揭除棚膜的园温度要高，尤其是暖冬天气积温增加较多使萌芽提早。因此，气象预报是暖冬天气，不揭棚膜的园封膜期要适当推迟，如封膜偏早，棚温要适当调低些，避免萌芽期太早而导致冻害。

2. 覆膜、封膜期不能太早 2008年以来浙江台州、嘉兴等地封膜期越来越早，出现较多问题。

（1）早封膜、早萌芽，遇寒潮天气较易遭受冻害（详见大棚葡萄冻害发生和防止调查）。

（2）早封膜、早萌芽，导致萌芽不整齐，增加管理难度。有的萌芽后新梢长至10多厘米就萎缩，严重影响产量。

①嘉兴秀洲区王江泾园太早封膜遇到的问题：2011年12月20日封膜，萌芽不整齐，增加管理难度。

2012年3月2日新梢生长状

2012年3月27日新梢生长状

② 台州市路桥区蓬街镇双膜覆盖栽培园：2011年12月5口封膜，新梢长至10多厘米部分新梢萎缩，严重影响产量；2011年12月23日封膜，萌芽、新梢生长正常。

2011年12月5日封膜，部分新梢萎缩（2012.2.24）

2011年12月5日封膜，新梢全部萎缩（2012.2.24）

2011年12月23日封膜，萌芽、新梢生长正常（2012.2.24）

藤稔葡萄连续6年双膜覆盖栽培，覆膜期偏早，部分树体衰败，新梢长不好（2015.6.25）

（3）早封膜、早萌芽，导致树体衰败。浙江海盐于城镇吴明的藤稔葡萄园连续6年双膜覆盖栽培，覆膜期偏早，部分树体衰败，新梢长不好。挖根调查根系很少，已翻树改种。

3. 覆膜、封膜期不能太晚 在适宜封膜期以后封膜，越晚促早熟效果越差。有的在当地露地栽培萌芽前20天封膜，只能提早成熟5天左右。

面积较大的葡萄园可搞一部分双膜栽培，一部分单膜栽培。如全部单膜栽培可分批封膜，在适宜封膜期内覆膜一部分，过

7～10天覆膜一部分，最迟一批要在当地露地栽培萌芽前30天封好膜。这样有利劳力安排，有利葡萄销售。

4. **覆好棚膜**　上午无风时覆膜，下午压好膜带。无风天可全天覆膜，有风时段不宜覆棚膜。

棚膜要覆得平直，及时压好膜带。沿海经常有大风地区，膜带上再罩网压棚膜。全棚密封度要好，以提高增温效果。

浙江海盐：覆好棚膜，压好膜带（2009.3.4）

浙江玉环：沿海大风频繁地区棚膜上用网压膜（2009.6.13）

双膜覆盖栽培内膜要延至畦面，形成封闭的内棚。如内膜不到畦面，保温性差，增温效果不佳。

浙江海盐：双膜覆盖内膜至畦面（2010.3.8）

浙江海盐：内膜不到畦面，保温性差，不宜采用（2010.3.8）

5. **棚膜管理**　经常检查棚膜、膜带、地桩、地锚、竹夹、塑夹，发现问题及时采取措施。

浙江海盐：大棚膜破损（2009.8.22）　　上海嘉定：大棚膜破损（2010.9.10）

（二）适时揭双膜覆盖内膜、围膜和顶膜

1.适时揭双膜覆盖内膜　新梢长60～70厘米，已顶到内膜可揭除，最迟开花前应揭除内膜。

实验园：3月28日揭除内膜转为单膜覆盖（2010.3.20）　　浙江嘉兴秀洲区陈剑明园：3月下旬揭内膜（2009.3.24）

2. 适时揭围膜转为避雨栽培　坐好果当地最低气温稳定在15℃以上可揭除围膜转为避雨栽培。浙江嘉兴揭围膜期一般在5月15号以后。

一行葡萄一个棚的连体大棚，在揭除围膜的同时还要揭除每行中间连膜，转为避雨栽培。

遇33℃以上高温还要揭高顶膜，棚温不能过高，否则影响花芽分化和果实着色。

实验园：5月中旬揭除围膜，转避雨栽培（2009.5.11）

浙江海宁：5月下旬揭除中膜和围膜，转为避雨栽培（2013.6.22）

浙江海盐：揭除围膜和中间连膜，转为避雨栽培

大棚栽培转为避雨阶段或避雨栽培，顶梢不能伸出棚外。如顶梢伸出棚外，叶片极易发生霜霉病和黑痘病。在棚外新梢要及时剪掉。

巨玫瑰葡萄顶部叶片在棚膜外，每张叶片均感染霜霉病（浙江慈溪胜山，2010.6.13）

浙江海盐：大棚栽培避雨阶段伸出棚　　浙江海盐：大棚栽培避雨阶段伸出
外的顶梢叶片发生黑痘病（2014.8.15）　　棚外顶梢要及时剪掉（2014.8.15）

　　3. 揭顶膜期　葡萄采果销售较早的园，应推迟至10 ～ 11月揭
顶膜，以保护好秋叶。在覆膜阶段可不必用防霜霉病的农药。

实验园：红地球葡萄8月中旬采摘　　实验园：红地球葡萄11月揭棚膜
后继续覆膜保秋叶至10月上旬揭顶膜　（2011.11.27）
（2009.8.25）

（三）大棚葡萄冻害发生和防止

　　浙江大棚葡萄2009年、2010年、2016年均发生范围较广的冻
害，损失较大。冻害是南方大棚葡萄四大灾害（冻害、雪害、热
害、风害）之一。

　　1. 浙江台州路桥区2009年1月中、下旬冻害　路桥区2009年
1月遭2次寒潮袭击，据路桥区气象站资料，1月12 ～ 14日最低气

温降至–3.9℃，1月24～25日最低气温降至–4.5℃。凡在1月25日前已萌芽、展叶、新梢生长的大棚葡萄不同程度发生冻害。

冻害面积调查：据路桥区蓬街镇提供的资料，全镇大棚葡萄面积6 000多亩，不同程度受冻害面积1 200多亩，占20%。调查台州市，受冻害面积2 000多亩，占全市大棚葡萄面积38 800亩的5.1%。

浙江台州路桥区罗永华园：藤稔葡萄，15亩连栋大棚，2008年11月30日覆膜，2009年1月中、下旬两次冻害，95%新梢严重冻害后枯萎（左）；大棚中间有5%左右新梢没有受冻，生长正常（右）（2009.2.15）

路桥区大棚葡萄2009年发生较大面积冻害的主要原因是覆膜偏早。受冻害葡萄园覆膜期在2008年11月下旬，单膜栽培，萌芽期在1月10～25日，正遇上1月12～14日和1月24～25日两次寒潮袭击，棚内最低温度降至0℃以下，导致冻害。12月下旬覆膜，1月25日后萌芽的园就没有发生冻害。

2.浙江2010年3月全省性冻害

（1）低温和冻害情况　2010年3月9日强寒潮袭击浙江全省，3月10日清晨最低气温降至–4～–3℃，浙江大棚栽培已萌芽的园，单膜覆盖防冻害措施不到位，冻害损失严重。

台州市路桥区超藤葡萄合作社6 000多亩大棚葡萄单膜栽培，受冻害面积1 800多亩，占30%。

温岭市滨海镇陈筐森47亩大棚葡萄，受冻害梢达30%。

金华市金东区多湖街道李建增、盛高业，近100亩大棚葡萄冻害较严重，冻害后重发新梢，每株仅1～2个花序。

①单膜栽培园冻害。这次冻害园主要发生在单膜栽培园，双膜栽培园基本没有发生冻害，包括浙江北部。

浙江台州路桥区蓬街镇王秩芳园：藤稔葡萄连体大棚，单膜，2010年3月10日棚温降至–3℃，全园新梢冻死（2010.3.13）

浙江温岭滨海镇徐云彬园：巨峰葡萄连体大棚，单膜，2010年3月10日棚温降至–1℃，全园新梢冻死40%（2010.3.15）

浙江台州路桥蓬街镇王香云园：藤稔葡萄连体大棚，单膜，2010年3月10日棚温降至–2℃，部分新梢冻死（2010.3.13）

②覆地膜园冻害。铺畦膜的园，寒潮前将畦膜揭至中间，畦土蒸发的水气能提高棚温1℃左右，能减轻冻害。未揭畦膜的园冻害加重。调查到浙江金华、温州乐清、上海南汇未揭起畦膜的园冻害较重。

上海南汇东海镇朱保峰园：夏黑葡萄，2010年3月10日气温降至−3℃，3月9日揭除畦膜的园未发生冻害，未揭畦膜的园受冻害面积达15%（2010.3.21）

（2）防冻害经验　从这次大范围葡萄防冻实践中积累了较丰富防冻经验：

①双膜覆盖。浙江海盐单膜栽培棚突击加覆棚膜，3月9日全面采用双膜覆盖，少数园加覆三膜，全县基本没有冻害。

浙江海盐武原陈立新园：园外最低气温降至−5℃，三膜覆盖棚内最低温度1℃，没有冻害（2010.3.8）

实验园：单膜覆盖加覆内膜，成为双膜覆盖，未发生冻害（2010.3.9）

② 整理棚膜，堵好通风口。内膜、外膜封得不好的部位、有破损的部位均要封好、补好；排水沟要堵好排水口，提高棚内保温性能，能提高抗冻性。

③ 柴火加温、熏烟。浙江台州路桥区单膜栽培园，多数园于3月10日清晨加温、熏烟防冻害，效果较好。最低气温出现在5～6时，棚内加温、熏烟应在2～6时，1亩一堆干柴缓火燃烧，棚膜上冰融化后就不会发生冻害。如棚膜上冰融化不掉仍会发生冻害。

浙江台州路桥区蓬街镇罗永华园：寒潮前整理棚膜，堵好通风口，两膜间加覆一条膜，提高保温性能（2010.3.15）

浙江台州路桥区陈守礼园：大棚单膜栽培，寒潮袭击这一天，2～6时棚内烧火加温，2亩一堆柴火，棚膜不结冰，免受冻害（2010.3.15）

④ 电灯加温。实验园亩安装电灯8 250瓦加温，3月9日18时开灯，3月10日6时关灯，最低棚温提高2℃，未发生冻害。

实验园：亩安装电灯8 250瓦加温（2010.3.9）

上海松江区五厍镇刘益成园：双膜栽培，12月22日覆膜，电灯加温、烧柴火加温防冻害（2009.2.9）

3.浙江北部2013年2月、3月局部轻度冻害　2月19日浙江湖州、嘉兴、杭州及上海、江苏南部、安徽南部等地下大雪，2月20日清晨气温降至–3 ～ –2℃；3月3日浙江北部遭寒潮袭击，清晨气温降至–2℃。这两次低温，使部分已萌芽的简易连栋大棚遭轻度冻害。

浙江海盐武原街道董炎根园：藤稔葡萄双膜栽培，西北面新梢受冻0.5亩左右（左），南面新梢未受冻害，新梢生长正常（右）（2015.2.12）

浙江海盐通元镇钱建军园：美人指葡萄双膜栽培，2015年2月9日已萌芽，畦面铺膜，靠北面一行已萌发的芽受冻了（2015.2.12）

4. 浙江海盐2015年2月轻度冻害　2015年2月9 ～ 10日浙江嘉兴、海盐等地，清晨气温降至–4 ～ –3℃，少数大棚双膜栽培已萌芽和新梢生长的园遭轻度冻害。

这两块园如畦面不铺膜不会遭受冻害。

5.浙江2016年1月下旬全省性冻害

（1）低温情况　2016年1月23日"霸王级"超强寒潮袭击浙江全省，出现断崖式降温。1月24 ～ 25日全省各地最低气温降至各地自有气象记载以来极值，或接近极值。湖州地区降至–11～–10℃，嘉兴、杭州、金华、衢州地区降至–10～–8℃，绍兴、宁波、舟山、丽水地区降至–7～–6℃，台州地区降至–6℃，温州地区降至–5℃，有些高山地区降至–20～–15℃，对已萌芽和新梢生长的大棚葡萄园冻害威协严重。

浙江海盐对6个葡萄园上午6时的棚外温度进行了测定1月24日、25日、26日葡萄园棚外最低气温分别降至–8～–7℃、–10～–9℃与–6℃。

这次低温比路桥区2009年1月2次冻害最低气温和海盐2010年3月10日冻害最低气温还低5～6℃，是浙江大棚葡萄20年栽培中萌芽后遇到温度最低的一次。

如何防好这次冻害对广大葡萄科技人员和葡萄种植者是一次难得的研究、探索的极好机会。

（2）浙江省海盐县农业科学研究所及早提出葡萄防冻害措施　海盐县农业科学研究所根据2009年、2010年、2015年葡萄防冻经验，提出已萌芽的园要果断采取4条防冻措施：

①检查棚膜，压膜不牢的要加固，漏气部位要密封，减少冷风进入。

②不覆地膜，已覆地膜的园将地膜揭至畦中间。

③加覆棚膜，全部采用三膜覆盖。这是防冻害的关键。

浙江海盐元通百合美农场（陆建明）：藤稔葡萄，2015年12月10日覆膜，2016年1月10日萌芽，覆三膜防冻害（2016.1.18）

浙江海盐元通百合美农场：用湿稻草放在畦沟中燃烧产生烟雾，有较好的防冻害效果（2016.1.18）

浙江海盐通元钱建军园：已萌芽美人指葡萄，1亩地放10把湿稻草，2月10日3时开始点燃产生烟雾防冻害（2015.2.12）

④根据各自条件，采用三膜+烧火加温，或三膜+熏烟保温，或三膜+畦沟满灌水调温。

（3）冻害情况和防冻措施效果调查

调查情况分析：防冻害措施及时做到的园，均没有发生冻害。果农在防冻害实践中还有不少创新。

最低气温降至$-10 \sim -8 ℃$的嘉兴地区：采用覆四膜、三膜+畦沟灌满水、三膜+加温、三膜+熏烟、三膜+草帘、三膜+无纺布等方法防冻。

最低气温降至$-6 ℃$的台州地区：采用覆三膜、双膜+加温等方法防冻。

（4）最低气温降至-8 ~ -10℃的嘉兴地区防冻措施效果调查

① 四膜防冻害。浙江嘉兴南湖区新丰镇余祖其覆4膜防冻害。
藤稔葡萄3亩，一行葡萄一个棚的连栋大棚，V形架。2015年12
月21日封顶膜，2016年1月10日在顶膜下平覆二膜，1月22日为
了防冻害在V形架上部和中部覆三膜和四膜。1月26日棚外最低气
温降至-9℃，四膜棚内最低温度0℃，没有发生冻害。

浙江嘉兴南湖区新丰镇余祖其园：藤稔葡萄冻害期新梢已长至2叶至3叶，
采用4膜防冻未发生冻害（2016.1.28 / 2016.2.22）

② 三膜+畦沟灌满水。浙江海盐于城镇贺明华：5.6亩已萌芽
的大棚葡萄，三膜防冻害。1月23日16时畦沟中灌平沟水，水温
6℃。由于水温较高能提高棚温，因此三膜+畦沟灌满水避免了
冻害。

浙江嘉善县天凝镇高月娥：25亩夏黑葡萄2015年12月28日封
外膜，2016年1月17日覆内膜，1月23日为了防冻害覆三膜。其中，
一个园三膜贴畦面；一个园三膜只覆一半，即二膜半；一个园1月
24日外膜连接处部分被大风刮开未及时用竹夹夹好，但二膜、三

膜封好不漏风。1月23日、24日、25日16时畦沟灌满水，第二天
8时后放掉水，以水调温，以减缓棚内降温。1月25日6时棚外气
温降至-9℃，覆二膜半和外膜连接处部分被大风刮开的两个园棚
内温度0℃，未发生冻害。表明畦沟灌满水有较好的保温效果。

浙江海盐于城镇贺明华园：已萌芽的大棚葡萄，1月16日封膜已萌芽，三
膜覆盖，1月23日16时沟中灌平沟水，水温6℃防冻害（2016.1.23）

浙江嘉善县天凝镇高月娥园：采用三膜至棚中间+畦沟灌满水，未发生冻害
（2016.1.28 / 2016.2.22）

浙江嘉善县天凝镇高月娥园：夏黑葡萄，采用三膜+畦沟灌满水防冻，虽1月24日大风吹掉两棚中间的连膜，但没有发生冻害 (2016.1.28 / 2016.2.22)

浙江嘉善县天凝镇高月娥园：采用三膜贴畦面+畦沟灌满水，没有发生冻害 (2016.1.28 / 2016.2.22)

③ 三膜+畦沟灌水+加温。浙江海盐贺明华的5.6亩藤稔、醉金香葡萄园，12月16日封膜，12月28日覆二膜，1月20日为了防冻害覆三膜，1月24日、25日夜2时用9只炉加温，每亩1.6只炉，共烧煤175千克，每千克煤0.8元，亩烧煤成本25元。1月25日棚外 - 9℃，三膜内4℃，温度相差13℃，未发生冻害。

浙江海盐贺明华园：藤稔、醉金香葡萄，三膜+烧煤加温没有发生冻害 (2016.1.26 / 2016.2.14)

④三膜+熏烟。浙江海盐元通百合美农场，40亩藤稔葡萄，2015年12月10日封外膜，12月20日覆二膜，2016年1月18日为了防冻害覆三膜，1月24日、25日、26日夜2时用木屑熏烟。1月25日棚外−10℃，棚内0℃，基本没有冻害。

浙江海盐元通百合美农场（陆建明）：藤稔葡萄，2015年12月10日覆膜，2016年1月10日萌芽，三膜+熏烟防冻害（2016.1.18/2016.2.14）

浙江海盐金建林：6亩藤稔、醉金香葡萄，12月20日封外膜，12月30日覆二膜，1月20日为了防冻害覆三膜，1月24日、25日、26日夜2时亩用8只筒内装木屑熏烟，1月25日棚外–9℃，棚内0℃，没有发生冻害。

浙江海盐金建林园：藤稔、醉金香葡萄，三膜+熏烟没有发生冻害(2016.1.26 / 2016.2.22)

浙江海盐周惠中：20亩藤稔、醉金香葡萄，12月20日封外膜，1月7日覆二膜，1月20日为了防冻害覆三膜，1月24日、25日、26日夜2时亩用6只筒内装木屑熏烟，1月25日棚外–10℃，棚内温度0℃，没有发生冻害。

浙江海盐陆建根：42亩夏黑、醉金香葡萄，12月20日封外膜，12月30日覆二膜，1月20日为了防冻害覆三膜，1月24日、25日、26日夜2时亩用6只筒内装木屑熏烟，1月25日棚外–10℃，棚内温度0℃，没有发生冻害。

浙江海盐周惠中园：藤稔、醉金香葡萄，三膜+熏烟没有发生冻害
(2016.1.26 / 2016.2.14)

浙江海盐陆建根园：夏黑、醉金香葡萄，三膜+熏烟没有发生冻害
(2016.1.26/2016.2.16)

⑤三膜+草帘。浙江嘉兴秀洲区新塍镇王新根：36亩夏黑葡萄2015年12月21日封外膜，2016年1月10日覆内膜，1月22为了防冻害覆三膜，1月23日将草帘覆在葡萄底层架上防冻。夏黑葡萄南头冻了4亩，其余没有发生冻害。

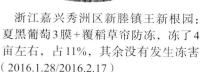

浙江嘉兴秀洲区新塍镇王新根园：夏黑葡萄3膜＋覆稻草帘防冻，冻了4亩左右，占11%，其余没有发生冻害（2016.1.28/2016.2.17）

浙江嘉兴秀洲区新塍镇吕林珍：8亩醉金香、3亩美人指、3亩夏黑葡萄，2015年12月11日封外膜，12月21日覆内膜，2016年1月23为了防冻害覆三膜。1月23日从嘉兴市场购稻草帘覆在葡萄底层拉丝架上防冻，没有发生冻害。

浙江嘉兴秀洲区新塍镇吕林珍园：美人指葡萄，三膜覆盖，底层拉丝上盖稻草帘，没有发生冻害（2016.1.28/2016.2.17）

浙江嘉兴秀洲区新塍镇吕林珍园：醉金香葡萄，三膜覆盖，底层拉丝上盖稻草帘，没有发生冻害(2016.1.28/2016.2.17)

⑥三膜+覆无纺布。浙江嘉兴南湖区凤桥镇林根：6亩藤稔、醉金香葡萄，2015年12月21日封外膜，2016年1月10日覆内膜，1月22日为了防冻害覆三膜。1月23日从嘉兴市场购入无纺布和毯覆在刚萌芽的架面上，没有发生冻害。

浙江嘉兴南湖区凤桥镇林根园：藤稔、醉金香葡萄三膜+无纺布覆盖防冻害（2016.2.26）

（5）最低气温降至-6℃的台州、舟山地区防冻害措施效果调查

①三膜防冻害。调查到台州市路桥区蓬街镇周善兵、周继顺及舟山地区岱山县岱西镇陈椒芬三块双膜栽培葡萄园，降温前加覆三膜均没有发生冻害。

　　台州市路桥区蓬街镇周善兵：7亩夏黑葡萄2015年12月20日封外膜，2016年1月10日覆双膜，1月23日为了防冻害覆三膜。冻害期葡萄已萌芽刚展叶片。1月24日、25日最低气温－6℃，三膜内最低棚温0℃，没有发生冻害。

　　台州市路桥区蓬街镇周继顺：9亩夏黑葡萄2015年12月20日封外膜，2016年1月7日覆双膜，1月23日为了防冻害覆三膜。冻害期葡萄已萌芽刚展叶片。1月24日、25日最低气温－6℃，三膜内最低棚温0℃，没有发生冻害。

周善兵园：夏黑葡萄降温前萌芽状（20161.23）

周善兵园：夏黑葡萄三膜防冻，没有发生冻害（2016.2.9）

　　浙江舟山岱山县岱西镇陈淑芬：3亩夏黑、红富士葡萄，6座单栋大棚（单栋棚保温性比连栋棚要差）2015年12月27日封外膜，12月30日覆双膜，2016年1月23日为了防冻害覆三膜。当地气象预报最低气温－6℃，1月25日棚内最低温度2℃，没有发生冻害。

浙江舟山岱山县岱西镇陈淑芬：夏黑（右）、红富士（左）葡萄，覆三膜防冻，没有发生冻害（2016.2.3）

② 双膜＋机制炭加温。浙江台州路桥区蓬街镇王文才：6亩夏黑葡萄2015年12月21日封外膜，2016年1月10日覆双膜，降温前

浙江台州路桥区蓬街镇王文才园：夏黑葡萄双膜栽培，每亩用5只铁锅，内放机制炭加温，没有发生冻害（2016.2.9）

已萌芽展叶。1月23日将木炭放入30只直径40厘米的铁锅内，每只铁锅的木炭上放一块木块。1月24日、25日夜2时点燃木炭加温，4时锅内加满木炭燃烧至6时。每亩5只铁锅加温没有发生冻害。

③ 双膜+木料加温。浙江台州市路桥区蓬街镇陈冬春：4亩夏黑葡萄2015年12月19日封外膜，1月5日覆双膜，降温前新梢3～5厘米。从木材加工厂购入边角料于1月24日、25日0时开始烧火加温至6时，开始烧火时棚膜上结冰，加温1小时后棚膜上结的冰开始融化，没有发生冻害。

浙江台州市路桥区蓬街镇陈冬春园：夏黑葡萄双膜+木料烧火加温，没有发生冻害（2016.2.9）

④ 双膜+煤气加温。浙江温岭市石桥头镇吴柏林：41亩夏黑、藤稔、维多利亚、粉红亚都蜜葡萄，12月2日前后封外膜，12月9日前后覆双膜。气象预报当地最低气温要降至－6℃，于是花8 000元从市场购入煤气瓶、煤气灶具50套，盛水的盆50只，于1月23日安放在双膜大棚内，盆内盛满水放在煤气灶上。1月24日、25日0时开始点燃煤气灶加温至6时，每40分钟左右盆内加一次水，盆内一直保持有水，一直散发出较多的热气。其中4亩夏黑葡萄新梢已长至7厘米多，1亩放2只煤气瓶、煤气灶加温，至3时左右棚膜上结的冰已融化掉，没有发生冻害。

浙江温岭市石桥头镇吴柏林园：夏黑葡萄，1亩放2只煤气瓶、煤气灶加温，未发生冻害（2016.2.9）

（6）最低气温降至–9～–10℃的嘉兴地区冻害园调查　1月23日超强寒潮袭击浙江嘉兴地区，双膜栽培葡萄，没有采取防冻措施的园全园冻害，防冻措施不到位的园发生程度不同的冻害。调查到受冻害的葡萄园情况如下。

① 双膜覆盖冻害。浙江嘉兴秀洲区新塍镇吴阿三3亩藤稔葡萄，2015年12月22日封外膜，2016年1月4日覆双膜，寒潮期已萌芽，没有采取防冻害措施全园冻害。

② 三膜防冻，低温期部分外膜被大风刮掉受冻。浙江嘉兴秀洲区新塍镇朱清10亩夏黑葡萄，2015年12月18日封外膜，12月28日覆内膜，2016年1月23日为了防冻害覆三膜，1月24日大风吹掉两棚中间的连膜，导致4亩夏黑葡萄受冻害。

浙江嘉兴秀洲区新塍镇吴阿三园：藤稔葡萄，双膜覆盖全园冻害 (2016.1.28)

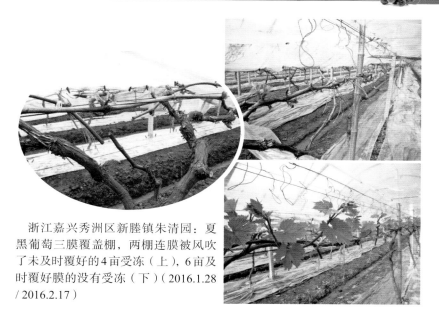

浙江嘉兴秀洲区新塍镇朱清园：夏黑葡萄三膜覆盖棚，两棚连膜被风吹了未及时覆好的4亩受冻（上），6亩及时覆好膜的没有受冻（下）（2016.1.28 / 2016.2.17）

③ 三膜覆盖南头冻害。浙江嘉兴南湖区大桥镇周永其4.5亩醉金香葡萄，2015年12月14日封外膜，2016年1月4日覆双膜，1月23日为了防冻害覆三膜。这块园在南边（北边是藤稔葡萄园）的2/3冻害，越靠南面冻害越重。

浙江嘉兴南湖区大桥镇周永其园：醉金香葡萄三膜防冻，南边2/3受冻害（2016.1.28)

④三膜覆盖+畦面覆膜轻度冻害。浙江嘉善县天凝镇杨志龙10亩藤稔葡萄，2015年12月13日封外膜，12月20日覆双膜，2016年1月23日为了防冻害覆三膜，畦面覆膜未揭除。1月24日、25日在大棚中间大路上用木屑熏烟防冻，南边3亩发生冻害。

浙江嘉善县天凝镇杨志龙园：藤稔葡萄 三膜防冻，由于畦面覆膜，北边30%园发生冻害(2016.1.28)

如寒潮前揭除地膜，棚温可提高1.0℃，南边棚可能不会发生冻害。

⑤二膜、三膜用0.02毫米（2丝）膜轻度冻害。浙江海盐元通百合美农场，40亩藤稔葡萄，低温期已萌芽。采用三膜+木屑熏烟防冻害，基本没有发生冻害。但由于二膜、三膜用0.02毫米（2丝）膜，太薄，保温性能较差，大棚边行有轻度冻害。

浙江海盐元通百合美农场（陆建明）：藤稔葡萄，采用三膜+木屑熏烟防冻害，基本没有发生冻害。但由于二膜、三膜用0.02毫米（2丝）膜，太薄，保温性能差，大棚边行有轻度冻害（2016.1.18/ 2016.2.14）

（7）浙江台州、宁波地区冻害园调查 双膜栽培葡萄，没有采取防冻害措施的园不同程度遭受冻害，单膜栽培没有采取防冻措施的园发生严重冻害。

① 双膜冻害。浙江宁波江北区洪塘镇朱善祥，10亩夏黑葡萄分两块园，2015年12月19日封外膜，12月29日覆二膜，2016年1月16日开始萌芽。寒潮袭击期当地气象预报最低气温–6℃，没有加覆三膜，芽球冻坏50%，但棚中间没有发生冻害。

浙江宁波江北区洪塘镇朱善祥园：夏黑葡萄双膜栽培棚芽球冻坏50%（2016.1.29）

② 双膜+煤气加温，加热量不够发生冻害。浙江温岭市石桥头镇吴柏林，17亩藤稔葡萄，2015年12月2日封外膜，12月9日覆二膜。2016年1月24日、25日0时至6时点燃煤气

浙江宁波江北区洪塘镇朱善祥：夏黑葡萄双膜棚中间未发生冻害，已发叶片（2016.1.29）

灶加温，但1亩园仅用1个煤气灶加温，热量不够，棚膜上的冰不融化，全园冻害，冻害芽梢占70%。

5亩夏黑葡萄2015年12月2日封外膜，12月9日覆二膜。2016年1月24日、25日0时至6时点燃煤气灶加温，但1亩园平均仅用1.5个煤气灶加温，热量不够，四边棚膜上的冰没有全部融化掉，导致冻害，全园20%受冻。

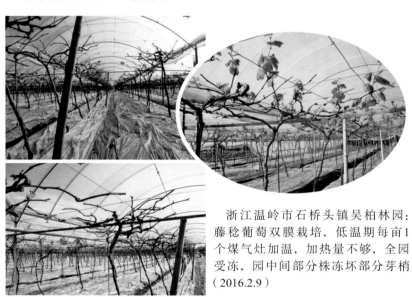

浙江温岭市石桥头镇吴柏林园：藤稔葡萄双膜栽培，低温期每亩1个煤气灶加温，加热量不够，全园受冻，园中间部分株冻坏部分芽梢（2016.2.9）

浙江温岭市石桥头镇吴柏林园：夏黑葡萄双膜栽培，低温期每亩1.5个煤气灶加温，加热量不够，全园受冻20%（2016.2.9）

③ 双膜＋木屑熏烟，熏烟量不够发生冻害。浙江台州市椒江区下陈镇陈子林，16亩夏黑葡萄，2015年12月18日封外膜，12月23日覆二膜。降温前棚内设置13堆木屑。2016年1月24日、25日0时至6时点燃木屑熏烟。但每亩平均仅0.8堆木屑熏烟，烟量不够，冻了13亩。

浙江台州椒江区下陈镇陈子林园：夏黑葡萄双膜栽培，木屑熏烟，熏烟量不够冻了13亩（2016.2.9）

④ 树体较弱园易发生冻害。浙江台州市路桥区蓬街镇王金明，15亩夏黑葡萄，2015年12月31日封外膜，2016年1月10日覆二膜。2016年1月24日、25日、26日0时至6时点燃机制炭加温。全园分东、中、西3块，东与西2块因树体好没有发生冻害，中块因树体较弱，200株树受冻，表明树体较弱抗寒力较差。因此，弱树园要适当增加加温量。

⑤ 单膜覆盖全园严重冻害。浙江温岭市滨海镇王仁才，134亩葡萄2016年1月1日覆膜，单膜栽培。降温前已萌芽的120亩葡萄没有采取防冻措施，棚外最低气温－6℃，棚内最低温度－3℃，芽

　　浙江台州市路桥区蓬街镇王金明园：夏黑葡萄双膜栽培，冻害期用机制炭加温防冻害，中间块树体较弱200株树受冻（2016.2.9）

球黄豆大的全部受冻。

　　（8）及时揭除三膜　低温过后是晴天，三膜棚温度上升很快，要及时揭除三膜，避免高温热害。嘉善县天凝镇杨志龙10亩藤稔葡萄三膜防冻害，低温过后还覆三膜，新梢20多厘米长，下部少数叶片焦枯，是热害造成的。

浙江海盐金建林三膜防冻园：低温过后于1月26日揭除三膜(2016.1.26)

浙江海盐周惠中三膜防冻园：低温过后于1月26日揭除三膜(2016.1.26)

浙江嘉善县天凝镇杨志龙三膜防冻园：低温过后未揭除三膜，导致轻度热害(2016.1.28)

6. 浙江嘉兴2016年2月13日、14日冻害 2016年2月13日、14日最低气温降到 –3 ～ –2℃，部分葡萄园受冻。调查到受冻害的园情况如下。

嘉兴秀洲区新塍镇吴荣：13亩藤稔葡萄，2015年12月26日封外膜，2016年1月10日覆二膜，1月23日为了防冻覆三膜，没有发生冻害。寒潮过后揭去三膜继续双膜栽培。2月13日、14日低温没有采取其他防冻害措施，5亩葡萄不同程度受冻。

嘉兴秀洲区新塍镇吴荣园：藤稔葡萄双膜栽培，2月13日、14日低温冻了5亩（2016.2.17）

浙江嘉兴新塍镇吕林珍：3亩美人指葡萄2015年12月25日封外膜，2016年1月11日覆内膜，1月23为了防冻害覆三膜，并用稻草帘覆在葡萄架上防冻，没有发生冻害。寒潮过后揭除草帘和三膜，继续双膜栽培，2月13日、14日低温期没有采取其他防冻措施，冻了1亩。

嘉兴新塍镇吕林珍园：美人指葡萄双膜栽培，2月13日、14日低温冻了1亩（2016.2.17）

浙江海盐县百步镇李德生：10亩红地球葡萄2016年1月1日封外膜，1月2日覆二膜，2月13日、14日低温期没有采取防冻措施，有2亩受冻。

浙江海盐县百步镇李德生园：红地球葡萄双膜栽培，2月13日、14日低温期有2亩受冻（右），8亩没有发生冻害（左）（2016.2.18）

浙江嘉兴南湖区凤桥镇林根：3亩美人指葡萄双膜栽培，2016年1月15日封膜，1月20日覆二膜，2月13日、14日低温期没有采取防冻措施，有1亩受冻。

浙江嘉兴南湖区凤桥镇林根园：美人指葡萄双膜栽培，有1亩受冻（右）（2016.2.26）

上述四块园共同点：均双膜栽培，1月24日、25日都没有发生冻害，2月13日、14日低温期均覆地膜，均冻了一部分，表明低温期双膜内最低温度接近冻害临界温度。如低温期揭除地膜，双膜内最低温度提高1～2℃，就不会发生冻害。

7. 浙北、上海2016年3月冻害　　2016年3月11日强冷空气侵入浙江北部和上海，最低气温降至–3～–2℃，单膜栽培已萌芽的葡萄园发生冻害。

（1）发生冻害原因

① 思想麻痹，偏信气象预报。部分果农收到海盐县农业科学研究所发出的葡萄防冻害紧急通知，不少果农不相信海盐农业科学研究所根据多次防冻害实践作出的3月11日葡萄园最低气温会降至–2℃的预测，要采取防冻措施。不了解气象预报有2℃误差的事实，偏信气象预报，不采取防冻害措施，结果发生冻害。

海盐通元镇常泉林、沈建飞，武原街道陈明均收到海盐县农业科学研究所发出的葡萄防冻害紧急通知，没有采取防冻措施，没有揭移地膜，红地球葡萄单膜栽培不同程度受冻害。

海盐通元常泉林园：红地球葡萄冻害园（2016.3.11）

海盐通元沈建飞园：红地球葡萄冻害园（2016.3.11）

② 双膜栽培早揭内膜。很多双膜栽培园这次冻害前揭了内膜，转为单膜栽培，结果受冻。未揭除内膜继续双膜栽培的未发生冻害。

浙江海盐元通百合美农场40亩藤稔葡萄双膜栽培，棚温较高时将内膜揭高，3月10日将内膜放下没有发生冻害。

浙江嘉兴秀洲区陈建明、陈方明园，陈方明没有揭内膜没有发生冻害，陈建明早揭内膜冻了2亩。

浙江嘉兴秀洲区陈建明园：藤稔葡萄双膜栽培，2月底揭除内膜，3月11日有2亩轻度冻害（左），其他没有发生冻害（右）（2016.3.18）

③ 棚膜密封不好，保温性能差。浙江海盐于城镇姜祖富，3亩醉金香葡萄2015年12月27日覆膜，单膜栽培，一行葡萄一个棚，每行棚膜连接处均有一条漏气缝，地面不覆膜，冻了2.5亩。

④ 畦面覆膜是导致这次大面积冻害的主要原因。凡未覆地膜的园基本上没有发生冻害。

实验园：各品种单膜覆盖栽培，3月10日新梢已15厘米长，地面未覆膜，3月11日棚内最低温度0℃以上，没有发生冻害。

实验园：单膜覆盖栽培，1月20日封膜，地面未覆膜，3月11日棚内最低温度0℃，没有发生冻害（2016.3.12）

浙江海盐武原街道富菊明：22亩红地球葡萄3月10日晚揭移地膜，沟中灌水，没有发生冻害。

浙江海盐武原街道城西村富菊明园：红地球葡萄3月10日晚揭移地膜，沟中灌水，没有发生冻害（2016.3.17）

浙江海盐于城镇蔡全法：12亩红地球、藤稔葡萄单膜覆盖栽培，地面覆膜，于3月10日17时开始揭移地膜，没有发生冻害。

浙江海盐于城镇蔡全法园：12亩葡萄于3月10日17时揭移地膜，未发生冻害（2016.3.23）

浙江海盐武原街道周礼君：20亩红地球葡萄单膜覆盖栽培，没有覆地膜，未发生冻害。

海盐于城镇构塍村顾建军：2块红地球葡萄单膜栽培，一块地面不覆膜没有冻害，一块地面覆膜轻度冻害（2016.3.12）。

浙江海盐武原街道周礼君园：红地球葡萄不覆地膜，未发生冻害
（2016.3.23）

海盐于城镇构塍村顾建军园：红地球葡萄单膜栽培地面不覆膜没有冻害
（左）一块地面覆膜轻度冻害（右）（2016.3.12）

　　浙江海盐通元镇步明祥：5亩红地球葡萄单膜覆盖栽培，地膜已覆好，于3月10日下午将地膜揭至中间，没有发生冻害。

　　凡地面覆膜的园均不同程度发生冻害。浙江海盐通元镇吴霞萍16亩红地球葡萄单膜覆盖栽培，3月10日覆地膜，有7亩不同程度发生冻害。

　　（2）冻害情况

　　①冻害面很广，浙江嘉兴、上海普遍发生冻害。

　　②冻害特点。2016年3月11日调查了海盐县于城、武原、通元3个镇葡萄冻害园，冻害园的特点：一是冻害面积大；二是一块园局部性发生冻害；三是新梢多发生中度、轻度冻害。

浙江海盐武原街道惠众农场：藤稔、醉金香葡萄花序发生冻害（左、中）新梢未受冻（右）（2016.3.11）

浙江海盐武原街道海德农场：夏黑葡萄发生冻害（2016.3.11）

浙江海盐通元镇：红地球葡萄发生
冻害（2016.3.11）

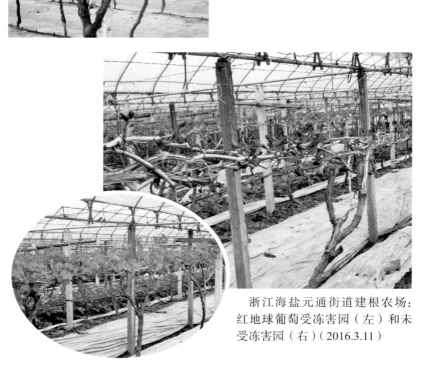

浙江海盐元通街道建根农场：
红地球葡萄受冻害园（左）和未
受冻害园（右）（2016.3.11）

红地球葡萄新梢全部受冻（2016.3.11）

红地球葡萄新梢叶片受冻，花序没有受冻（2016.3.11）

（3）防冻措施

① 检查棚膜密封情况，有漏气的孔洞要密封好，破损的棚膜要补好。2016年3月8日笔者到海盐海德农场检查大棚葡萄防冻害情况，发现120亩大棚葡萄封膜不好，像"牛棚"一样，大棚密封性差，漏气的孔洞很多。建议3月9日、10日集中劳力将漏气的孔洞封好，防止冻害发生。

该场立即行动，低温前基本封好漏气孔洞，结果仅2亩夏黑葡萄有冻害，否则冻害面积会较大。

浙江海盐海德农场：破损棚膜和漏气孔洞（2016.3.8）

浙江海盐海德农场：正在封漏气孔洞（2016.3.8）

②已覆畦膜的园将地膜揭至中间，可提高棚温1.0℃左右，能有效防止冻害。

③3月10日、11日下午畦沟灌满水，第二天8时放掉水，能提高棚温2.0℃左右，能有效防止冻害。

浙江海盐通元镇：红地球葡萄降温前将地膜揭至中间（2016.3.11）

浙江海盐于城镇：葡萄园畦沟灌满水防冻害（2010.3.11）

8. 云南建水、元谋冻害　2013年12月16日至20日，云南不少地区气温降至0℃以下，昆明12月18日最低气温降至-3.5℃。2013年12月20日昆明、建水浓霜。2014年1月10日昆明、建水下大雪。已萌芽、新梢生长和开花坐果的大棚栽培保温不好的葡萄园，以及露地栽培葡萄园，不同程度发生冻害。冻害严重的园全园新梢、花穗枯萎。

云南建水葡萄园受冻害情况（肖俊，2014.1.25）

9.冻害期温度、冻害发生时间、冻害症状表现与冻害部位研究 浙江省大棚葡萄经历了2009年、2010年、2016年三次寒潮袭击。2009年冻害区的台州市最低气温降至–4℃；2010年浙江全省遭冻害，最低气温降至–3℃至–4℃；2016年浙江全省遭冻害，浙江北部和西部最低气温降至–8～–10℃，浙江南部和东南沿海降至–5～–6℃。

（1）冻害温度

冻害温度：大棚栽培葡萄已萌芽的园，棚温0℃不会发生冻害，棚温–1℃，大棚周边尤其是大棚的南头会发生冻害，–2℃全园会较严重发生冻害。

易受冻害的园：萌芽绒球黄豆大就会发生冻害，展叶的园和新梢生长的园均会发生冻害。

没有萌发的枝芽的冻害温度：充分成熟的冬芽欧亚品种可耐–16～–18℃的低温，欧美杂交种可耐–18～–22℃的低温，但持续低温仍会引起冻害。

根系发生冻害的临界土温：欧美杂交种自根苗–4～–7℃，欧亚种自根苗–3～–5℃。

嫁接栽培各种砧木品种耐寒性不一样，贝达根系受冻临界温度为–12～–13℃；山葡萄根系受冻临界温度为–15～–16℃；SO4根系受冻临界温度为–9℃；5BB根系受冻临界温度为–8℃。

实验园2016年1月遭超强寒潮袭击期，1月24～26日6时葡萄园最低气温分别为–6℃、–8℃与–3℃，20厘米地温分别为4℃、3℃与3℃。因此，南方冬春季寒潮时间不长，未萌芽的葡萄一般不会冻害。

（2）葡萄园气温与棚温的关系 冻害时期和低温程度存在较大差异。如浙江海盐2010年3月10日最低气温–3℃，单膜栽培棚内清晨最低温度比棚外高1～2℃，双膜栽培棚内清晨最低温度比棚外高2～3℃，三膜覆盖棚内清晨最低温度比棚外高3～4℃。

浙江海盐2016年1月24～26日最低气温分别为–8℃、–9℃

与－5℃，单膜栽培棚内清晨最低温度比棚外高3℃左右，双膜栽培棚内清晨最低温度比棚外高4～5℃，三膜覆盖棚内清晨最低温度比棚外高6～7℃。

浙江海盐2016年1月与2010年3月2次寒潮袭击，单膜、双膜、三膜的保温性能，2016年1月比2010年3月均提高2℃左右。分析原因：气温越低，大棚保温性能越相应提高。

（3）气象站实测温度与葡萄园实际温度的关系　浙江海盐2010年3月9日遭寒潮袭击，3月10日清晨最低温度：县气象站实测温度－2.5℃。测3个葡萄园大棚外温度分别为－3℃、－4℃与－5℃。气象站实测温度比葡萄园实际温度要高0.5℃、1.5℃与2.5℃。

浙江海盐2016年1月23日遭寒潮袭击，1月24～26日清晨最低温度：县气象站实测温度－7℃、－7℃与－3.8℃。测3个葡萄园大棚外温度分别为－8℃、－9℃与－6℃。气象站实测温度比葡萄园实际温度要高1℃、2℃与2.2℃。

（4）葡萄园气温存在差异　同一个县各葡萄园最低气温有差异。2016年定6个点测1月24～26日6时葡萄园气温，高低相差1～2℃，同一葡萄园不同位置温度也相差1～2℃。四周有房屋、树木温度高些，四周空旷温度低些。海盐武原惠众农场葡萄园，1月25日6时最低气温－10℃，风口最低气温－11℃。

同一地区山区、半山区、丘陵地区气温相差较大。

（5）冻害发生时间和冻害症状表现时间

冻害发生时间：1月、2月、3月一天中最低温度在凌晨5～6时，冻害也发生在5～6时。如最低气温降至－6℃及以下，棚内温度4时就有可能降至0℃以下，就会发生冻害。

冻害症状表现时间：晴天发生冻害，已展叶长新梢的，上午10时就会表现出冻害症状，第二天冻害症状很明显。当天没有表现症状的，第二天如没有低温，不会再出现冻害症状。

（6）冻害症状表现　冻害症状：萌芽绒球大豆大。但尚未见叶，表现芽球酥掉。已展叶长新梢冻害梢有三种症状：一是梢、叶、花序全冻坏枯萎；二是上部梢、叶、花序冻坏枯萎，花序以下梢、叶是好的；三是花序以上或着生花序这张叶片也冻枯，但花序是好的，或大半个花序是好的，这种冻害是冻叶不冻花，对葡萄产量影响不大。

（7）棚内冻害位置　面积较大的园，全园冻害中部冻害较轻，或不发生冻害。不是全园冻害，一般南部发生冻害，北部不发生冻害。

10. 防冻害经验的积累　在2009年、2010年、2016年防冻害的实践中，积累了极为丰富的防冻害经验，尤其2016年超强寒潮袭击，防冻害措施有创新，防冻害经验极为宝贵。

2016年1月25日浙江嘉兴凌晨最低气温降到−9～−10℃，采用三膜+畦沟灌满水，或三膜+熏烟，或三膜+加温等措施，能较好防冻害。如浙江海盐贺明华采用三膜+畦沟灌满水+加温防冻害措施，1月25日凌晨棚外最低气温−9℃，三膜内最低棚温4℃。3项防冻害措施同时应用，三膜内温度提高13℃。今后遇−10℃以下低温，可综合应用3项防冻害措施。

浙江海盐县双膜促早熟栽培，萌芽后遇−10℃低温的防止冻害发生的经验引起葡萄界的关注。中国农业科学院郑州果树研究所陈锦永、张威远得知1月24日、25日"霸王级"超强寒潮袭击海盐县双膜栽培已萌芽的葡萄园基本没有发生冻害，于2月24日赴海盐考察了6个葡萄园，对海盐县在−10℃低温条件下防止冻害发生的经验给予了肯定。

中国农业科学院郑州果树研究所陈锦永副主任（左照片右）、张威远研究员（左照片左），考察双膜栽培未发生冻害的葡萄园（2016.2.25/2016.2.26）

今后浙江1～3月遇到类似强寒潮袭击，已萌芽及新梢生长的葡萄园，采用这几次的防冻害经验，就能防好冻害，确保葡萄园的安全。

南方其他省、自治区、直辖市遇到类似浙江寒潮情况，采用相似防冻害经验就能防好冻害。

南方全封闭大棚的保温性能：

单膜大棚：2℃。气温降至－2℃以下要采取加覆棚膜或其他保温措施。

双膜大棚：4℃。气温降至－4℃以下要采取加覆棚膜或其他保温措施。

三膜大棚：6℃。气温降至－6℃以下要采取其他保温措施。

大棚葡萄已萌芽和新梢生长的葡萄园，遇寒潮袭击，要采取防冻害措施。

（1）压好棚膜，堵好漏气孔洞　寒潮前要全面检查大棚，针对存在的问题，采取相应的措施予以认真解决。

压膜不好的要压好棚膜：调查到浙江嘉善、嘉兴秀洲区2块三膜防冻的葡萄园，2016年1月24日因大风刮掉二棚间连膜，导致冻害。

堵好漏气孔洞：两膜相连处有较长的缝隙，要用竹夹将缝隙处夹住。排水沟要堵好，棚膜有破损要补好，提高大棚保温性能。

浙江海盐元通建根农场：双膜栽培棚内膜有孔洞（左），内膜不到畦面（右），保温性差，寒潮前要封好（2016.1.21）

浙江海盐元通百合美农场：藤稔葡萄2月14日双膜栽培，棚外−4℃低温，边行8米长棚膜有漏洞，导致严重冻害（2016.2.26）

浙江海盐武原街道周惠忠园：大棚葡萄，寒潮前管理员检查二膜连接处，空隙处用竹夹夹好（2015.1.23）　　浙江嘉兴秀洲区新塍镇王新根园：大棚葡萄，寒潮前二膜连接处增加竹夹量，防止棚膜被大风吹坏

浙江海盐于城镇顾志坚园：大棚葡萄棚膜密封很好（2016.3.9）　　浙江嘉善县天凝镇杨志龙园：大棚葡萄三膜防冻，排水沟用塑料膜封好(2016.1.28)

浙江嘉兴秀洲区新塍镇吕林珍园：美人指葡萄三膜防冻，棚边覆稻草帘保温(2016.1.28)

浙江嘉兴南湖区凤桥镇林根园：用红毯覆在棚膜边保暖防冻（2016.2.26）

（2）不覆地膜，揭移地膜　2010年3月、2016年2月、3月防冻实践表明，低温防冻期棚内覆地膜，减少土壤水分蒸发，棚内温度比不覆地膜的园要低0.5～1℃。已覆地膜的园在寒潮前将地膜揭移至中间，增加棚内水气，可减轻冻害。

（3）覆二膜、三膜防冻害

① 棚膜选择。要选用0.03毫米（3丝）厚及以上的膜，不宜选用0.02毫米（2丝）厚及以下的膜。浙江海盐2016年1月寒潮袭击期已萌芽的葡萄园防冻害实践表明，三膜+熏烟防冻园，双膜、三膜选用厚0.03毫米（3丝）膜，均没有发生冻害；有一块园双膜、三膜选用厚0.02毫米（2丝）膜，发生轻度冻害，因膜偏薄保温性能较差。

② 单膜栽培园要覆双膜防冻。2016年1月超强寒潮袭击浙江全省，浙江南部单膜栽培已萌芽的园，如不采取防冻害措施会导致严重冻害。

当地气象预报最低气温-4～-3℃，单膜栽培园应加覆棚膜成为双膜栽培，可避免冻害。气象预报最低气温-4℃以下，加覆棚膜双膜保温，还应采取畦沟灌满水，或棚内熏烟等措施防冻害。

③ 双膜栽培园要覆三膜防冻。当地气象预报最低气温-6～-5℃，双膜栽培园应加覆棚膜成为三膜防冻。气象预报最低气温

- 6℃以下，还应采取畦沟灌满水，或棚内加温、熏烟等措施防冻害。

④简易覆膜方法。实验园2003年、2010年低温冻害前采用简易覆膜方法，将膜简单覆在架上，只要将已萌芽和新梢生长部位覆住，就能起到防冻害效果。降温不很低、面积较大、来不及认真覆膜的园可采用。降温很低此方法不宜采用。

实验园：单膜覆盖加覆内膜，成为双膜覆盖，未发生冻害（2003.3.27）

实验园：单膜覆盖加覆内膜，成为双膜覆盖，未发生冻害（2010.3.9）

实验园：单膜覆盖已萌芽园遇低温，临时加覆内膜防冻害（2007.3.12）

（4）其他保温防冻措施的选择　根据2010年3月、2016年1月大棚葡萄园防冻害实践，根据气象预报的最低温度，双膜或三膜覆盖如还不能防好冻害，还要选择其他保温防冻措施。

① 畦沟灌满水调温。据调查，下午畦沟灌满水可提高棚温2℃左右。保水性能很差的园如浙江岱山的葡萄园，不能灌水防冻。能灌水的园，园土能保水的园，应选用畦沟灌满水防冻害。因灌水防冻害方便、省工。

浙江嘉善天凝镇杨爱军20亩夏黑、藤稔葡萄园，2015年12月20日封外膜，2016年1月5日覆双膜，1月23日为了防冻害覆三膜。1月23日、24日、25日下午畦沟灌满水，第二天放掉水，1月25日6时棚外最低气温－9℃，棚内2℃，没有发生冻害。

灌水时间下午5时前，畦沟灌满，第二天8时后放掉水，下午再灌水。如连续几天低温，面积较大的园第二天可不排水，待寒潮过后排去水，低温期不会伤害根系。

② 木屑、较湿稻草熏烟。浙江海盐三膜覆盖葡萄园，2016年1月24日、25日、26日2时前后再熏烟保温，这些园均没有发生冻害。表明大棚内有很浓的烟能减缓棚内热气散发。经测定，熏烟棚比不熏烟棚最低温度可增加1℃左右，且对葡萄生长没有影响。

熏烟物：木屑或较湿稻草。

熏烟量：1亩园放5堆至8堆。

熏烟时间：视低温情况，一般1时至3时开始熏烟。

放烟时间：可在10时后，棚内温度较高时适量开外膜将烟放掉。

注意：熏烟物要在白天放好，晚间较快速点燃后人即离开，放烟前人不进入棚内。

③ 棚内烧火加温。燃料有木炭、煤、旧棚料等。视加热量，可提高棚温1～4℃。

用旧棚料燃烧加温：浙江台州市路桥区蓬街镇，2010年3月10日寒潮，单膜覆盖栽培园用旧棚拆下来的毛竹放在棚内，2亩一堆，从2～3时开始点燃，一直烧至6时，只要棚膜上不结冰，就不会发生冻害。加热量不够，棚膜上结冰将发生冻害。

煤球炉加温：浙江台州市路桥区蓬街镇，2010年3月10日寒潮，单膜覆盖栽培部分园用煤球炉加温。调查中发现，2时至3时开始加温，一直加温至6时，只要棚膜上不结冰，就不会发生冻害。调查到一块大棚，3月9日晚上10时开始加温，至3月10日2时煤球已烧完，发生冻害。

木炭加温：海盐县2010年3月10日低温期，有些葡萄园用木炭加温，棚内增温2℃左右，有较好的防冻害效果。

机制炭加温：2016年1月浙江台州路桥有些园用机制炭加温，效果较好、安全。

煤气加温：2016年1月23日超强寒潮袭击浙江温岭市，已萌芽和新梢生长的园较普遍采用煤气加温，防冻害效果较好。温岭市石桥头镇吴柏林实践，2016年1月的低温，1亩园用2只煤气灶加温，没有发生冻害；用1.5只煤气灶加温，轻度发生冻害；用1只煤气灶加温，发生较重冻害。

烧煤加温：浙江海盐贺明华，准备了7只煤炉，5亩多葡萄早覆棚膜，萌芽后遇寒潮袭击，每次均用7只煤炉加温防冻害。每只煤炉均配一个煤窗，将燃烧中产生的气体排到大棚外，避免一氧化碳气体在棚内积累对人造成毒害。

上述各种加温办法，包括熏烟，有的园效果较好，有的园效果不好，主要视低温情况决定安放加温燃料和熏烟料的量，放的量偏少、保温不够，效果就不好。

安放燃料和熏烟料多少以棚膜上结的冰至4时是否全部融化掉为衡量标准。如尚未全部融化表明加温量和熏烟不够；如完全没有融化表明加温量和熏烟大大的不够，基本没有防冻害的效果。

畦沟灌水、熏烟能防好冻害，最好不采用燃料加温，因燃料加温成本偏高，易出事故。

④ 覆盖物保温。2016年1月寒潮袭击期，调查到浙江嘉兴有3个大棚葡萄园在三膜防冻害的基础上，还用草帘、无纺布覆在已

萌芽尚未展叶的架面上，取得较好的防冻害效果。

可覆盖园：已萌芽尚未展叶的园可采用；已展叶、新梢生长的园不宜采用，因梢叶易被搞断。

覆盖期：低温期全天覆盖，低温过后及时揭除覆盖物。

覆盖量：已萌芽的架面全部覆盖。

畦沟灌水、熏烟能防好冻害的园，最好不采用加盖覆盖物保温的方法，因购覆盖物费用偏高，覆盖物盖上、取下较费工。

⑤ 电加温。实验园2009年购入电线和250瓦的灯泡35只，计1200元，遇低温防冻害时，安装在1亩大棚园内。

2010年3月9日强寒潮袭击海盐，3月9日18时开灯加温，3月10日6时关灯，加温12小时，最低能提高棚内温度2℃左右，有较好的防冻害效果。用电费用100元左右。有条件的园可采用。

用灯量：1亩园要装8 000瓦以上的灯泡，5 000瓦以下加温量较少，防冻害效果不佳。浙江奉化市江口镇一块大棚葡萄园，2010年3月9日晚1亩园装1 000瓦灯泡加温，基本没有防冻害效果。

开灯时间：低温前一天下午6时开灯，低温这一天6时关灯，加温12小时。

注意：低温期前大棚内装好电线，装上灯泡，低温期过后及时拆下灯泡和电线，保管好下一年再用。不要全年安装在葡萄园内，既影响园内作业，又不安全。

11. 冻害园管理　冻害园不能放弃管理和放松管理，轻度冻害园只要认真管理，能有较多的产量；严重冻害园如树体较健旺，重发新梢还有一定的产量。如当年产量很少或无产量，将树管好，为下一年稳产、优质奠定基础。

（1）冻害芽和梢的处理　冻了的芽球不必抹除，过若干天会枯萎脱落。

新梢冻害分三种类型：

一类是冻叶不冻花的梢：只摘除冻了的叶片。

冻叶不冻花的梢（2016.3.11）

　　二类是花序和上部叶片冻了，下部梢叶是好的：在第二节位剪梢，逼冬芽发新梢。

下部新梢好的留2节剪梢（2016.3.11）

　　三类是全梢冻枯：要及时抹除冻害梢，促发副芽。
　　（2）发出新梢管理　没有发出的冬芽会继续萌发长出新梢，已冻掉芽梢的节位还会从隐芽中发出新梢。待见花序后抹除多余的没有花序的梢，按原计划定梢量定梢。花序不多或无花序的园，按计划定梢量定梢。注意不能少定梢或多定梢、乱定梢。
　　（3）花穗管理、病虫害防治　按正常园管理和用药。
　　（4）肥水管理　视花量和产量调整。
　　（5）特殊园的管理　浙江台州路桥区蓬街镇罗永华，15亩水平棚架藤稔葡萄，2009年在即将开花时发生冻害，70多厘米长的新梢枯萎。当时采取冻害株2～3芽短剪，重新培育新梢，发出新梢有较多花序均留下，按计划定梢量定梢，亩产量达1 960千克。由于销售期较晚，价格较低，效益减少较多。

浙江台州路桥区蓬街镇罗永华园：冻害株短剪，重发新梢（2010.3.15）

浙江台州路桥区蓬街镇
罗永华园：2009年藤稔葡
萄冻害株短剪，重发新梢
挂果状（2009.6.13）

（四）增温期调控好棚温，增加有效积温

增温期：封好棚膜至揭围膜为增温阶段，称增温期。

1. 棚温调控重要性　同一地区同一天封膜，开花、成熟期不一样，有的相差10天以上。2007年跟踪调查了浙江嘉兴两块双膜覆盖葡萄园，同于1月21日封膜，棚温调控不同，开花、成熟期相差10天。2014年跟踪调查了浙江海盐3块藤稔葡萄双膜栽培园，分别于12月15日、12月26日、1月1日外膜封膜，由于棚温调控不同，同于6月3日开始销售。12月15日比1月1日虽早封膜16天，但销售期相同。

2. 封膜后至揭围膜增温阶段棚温调控

（1）棚温最高控制在30 ℃，短时间棚温升高不能超过

35℃　棚温最高控制在30℃，短时间棚温不能超过35℃，超过35℃时间较长，会导致花芽退化，超过40℃时间较长花序会"流产"，还会影响花芽分化。

（2）大棚内要放温度计　以一根长的普通温度计为宜，有板的温度计不能用，晒到阳光温度高5℃左右。

实验园：安放温湿度自动记载仪，24小时记载温湿度（2010.4.23）

有板温度计不能用

（3）安装调温设施　两行葡萄一个棚的连棚，棚两边均要安装摇膜直管；一行葡萄一个棚的连棚，二行葡萄安装一条摇膜直管，有利调温。

实验园：钢管大棚两膜间装摇膜直管调温（2009.9.6）

浙江海盐周惠中园：摇膜钢管装摇膜轮（2011.4.19）

单棚安装摇膜器（2010.4.24）

浙江海盐武原周利君园：3个棚装
一根摇膜直管（2010.3.25）

浙江义乌义亭镇：连栋大棚摇膜器
（2011.4.26)

浙江海盐县周惠中16个连棚，间隔8米横向安装钢丝，固定在两边的直管上，摇边棚的摇膜直管就能调16个连棚的温度。

周惠中园：16个连体大棚，摇边棚
摇膜直管，16个棚中8条两棚中膜全
部打开；摇另一边棚摇膜直管，8条
两棚中膜全部关回封好（2015.1.23）

周惠中园：16个连体大棚，手拿这
条横向拉丝扎牢中膜一边，摇边棚摇
膜直管，16个棚中8条两棚中膜全部
打开（2015.1.23）

周惠中园：横向调温拉丝固定在两
边直向摇膜直管上（2015.3.9）

福建顺昌县双溪镇杨启荣园：毛竹
连栋大棚安装拉绳调控棚温，晴天揭
高棚膜（2014.4.29）

福建顺昌县浦上镇红地球葡萄园：毛竹连栋大棚安装拉绳调控棚温，晴天全部揭高棚膜（2009.2.15）

浙江宁波市江北区洪塘镇唐国平园：大棚葡萄用砖块拉绳调控棚温（2015.4.18）

（4）双膜栽培内棚安装拉绳调控棚温　内膜上部一边安装2根绳，一根较粗的绳拉到全棚；一根较细的绳按葡萄架柱分段安装，一头缚在粗绳上，一头将内膜从内到外绕一圈固定在架上。拉动粗绳带动细绳将内膜揭高，放松粗绳即放下内膜。

浙江嘉兴秀洲区陈方明园：内膜拉绳调温（2009.3.6）

实验园：内膜拉绳调温（2009.3.20）

（5）增加有效积温的调温办法　南方大棚促早熟栽培为冷棚，增温期是封膜阶段的晴天。封膜至揭围膜最高棚温控在30℃，增加棚内26～30℃的时间，有效积温增加，促早熟效果好。不同棚温调控方法影响有效积温增加。

①晴天不能一次调温，要多次调温，即上、下午各调温2～3次。上午棚温达到30℃，棚膜稍揭高，棚温略降，不要降至26℃以下；棚温升至30℃，棚膜再稍揭高。从揭高棚膜调温开始，上午棚温稳定在26～30℃。

下午棚温降至27℃左右，棚膜稍落下，使棚温回升至30℃，反覆2～3次，增加棚温维持在26～30℃时间。这样一天中棚温26～30℃时间较长，有效积温效应好。

一次调温。晴天上、下午各调温1次。有的怕棚温太高导致热害，上午棚温不到30℃就将棚膜揭至最高处，下午棚温降至25℃以下，才将棚膜落下，全天棚温一直较低，26～30℃有效积温少，促早熟效果降低。

②棚温应调内不调边，不宜调边不调内。

连栋大棚棚温特点：棚中间温度高于棚四周，棚中间积温高，新梢生长快，开花早；棚四周积温低，新梢生长慢，开花晚。要通过棚温调控，减少棚内温度差，使新梢生长较一致，缩短开花期。

实验园：揭高中间顶膜，调内不调边（2012.4.26）

海盐蔡全法园：高温天两棚连膜拉开调温（2013.3.6）

调内不调边：一般晴天，通过摇膜直管摇高棚膜调温，即调内；不开棚门，不揭高边膜调温，即不调边。好处：使棚温较一致，开花期可控制在15天以内，有利蔓、花、果管理。

调边不调内：一般晴天，如只进行开棚门、揭高边膜调温，不进行棚内膜揭高调温，则会导致棚中间与棚四周温度相差较大，开花期长达20多天的现象。如种植的需进行激素保果品种，则保果处理要分批进行，较耗时废工。

海盐金利明园：高温天棚温调内不
调外（2013.3.6）

揭高边膜调温，调边不调内，不宜
采用（2012.3.8）

海盐吴善良园：高温天棚
温调边不调内，大棚中部易
发生高温热害（2013.3.6）

3. 遇突然高温及时揭高棚膜防热害　如实验园2011年4月26日正值开花坐果期，突然高温，气温高达37℃；2013年3月5～9日新梢生长期气温高达25～29℃。遇突然高温要揭高围膜，揭高

两棚中间连膜，将棚温降下来，避免热害。

实验园遭遇这两次突然高温，均及时揭高围膜，揭高两棚中间连膜。

实验园：遇突然高温天气揭高边膜（2011.4.26）

三、增加树体秋季营养积累

促花芽继续分化关键技术之一：增加树体秋季营养积累。

（一）防好霜霉病，保好秋季叶片

1. 设施栽培推迟揭棚膜　设施栽培包括大棚栽培和避雨栽培，各种成熟期的品种，包括早、中熟品种，均要到国庆后揭除棚膜，可避免霜霉病发生，防病保秋叶。

实验园：醉金香葡萄大棚栽培，国庆后揭棚膜秋叶完好（2010.10.6）

2. 防好霜霉病 设施栽培早、中熟品种，葡萄采果后较早揭除棚膜的园，要认真防好霜霉病，保护好秋季叶片。

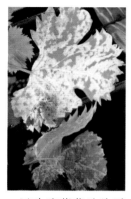

巨玫瑰葡萄叶片霜霉病（2010.6.13）　霜霉病叶片（叶片正、背面）　红地球葡萄叶片霜霉病（陕西渭南2011.9.16）

（二）培育好秋季叶片

采果后多数品种要施好采果肥，以施用尿素为主，亩用量根据树体情况酌施5～10千克。遇久晴不下雨天气，要及时浇水，尤其是丘陵地区和山区要重视供水。

实验园：红地球葡萄及时施好采果肥，供一次水　实验园：遇秋旱天气浇水（2011.9.21）

（三）适产栽培

丰产型品种，如红地球、大紫王、藤稔、醉金香、巨峰等，亩产量控制在2000千克以内，否则秋季树体营养积累少，影响花芽继续分化。

实验园：红地球葡萄10蔓5串果穗（2012.8.5）

实验园：藤稔葡萄10蔓7串果穗（2012.7.16）

浙江嘉兴秀洲区陈剑明园：藤稔葡萄10蔓6串葡萄，亩产1 100千克

浙江遂昌北界祝小水园：红地球葡萄60亩，亩产1 750千克（2011.8.25）

（四）防好风灾、涝灾，减轻灾害对葡萄的影响

1. 风灾　主要是台风（热带风暴）的影响，刮破棚膜的园，及时重覆棚膜，防好霜霉病，保好秋叶。

实验园：9号"梅花"台风侵入前将棚膜移西边扎牢（2011.8.6）

实验园：11号"海葵"台风侵入前将棚膜移西边扎牢（2012.8.7）

实验园："海葵"台风后覆好棚膜、蔓、叶、果喷喹啉铜和海绿肥

实验园："海葵"台风后整理被刮乱的枝蔓（2012.8.9）

2.涝灾 春、夏、秋季雨涝的园及时排涝，减轻涝灾对树体的影响。特别注意：受涝园水排除后15天内不能施肥料，否则会导致伤根，影响树体营养积累。

海盐于城吕家村沈跃成园：SO4砧藤稔葡萄淹水144小时（6天），至10月10日淹水还超过1米（2013.10.10）

海盐武原南洋村高桥二组：成片葡萄园受淹，淹水时间长达168小时（7天）（2010.3.8）

春、夏、秋季雨涝的园均要抓紧排水，早一天好一天。春、秋季受涝，不要误认为不会死树而放松排水作业。

海盐百步金利明90亩葡萄园：10月8日晨全部淹水100多厘米，园岸也淹水。10月9日晨有两片园园岸已露出水，立即安排6只水泵排水，至10月10日10时，这两片园畦面已露出，基本保住了这两片园（2013.10.10）

第八章
葡萄2芽冬剪配套技术

葡萄2芽冬剪是底芽+1芽修剪。底芽+2芽修剪是3芽修剪。南方葡萄2芽冬剪必须与6叶及时剪梢相配套。

一、2芽冬剪优越性

（一）节省用工量

表现在：冬剪节省用工；抹芽、抹梢量减少，节省用工。比中梢冬剪每亩可节省用工40小时左右，即5个工左右。

（二）萌芽整齐，有利花穗管理

葡萄2芽冬剪枝梢萌芽整齐，有利花芽分化，有利花穗管理。

（三）减轻花期灰霉病、穗轴褐枯病发生

萌芽后发出新梢不多，花序一直能晒到阳光，花期两种病害较少发生。海盐2014年大棚栽培开花期阴雨天较多，藤稔、醉金香葡萄较普遍发生灰霉病、穗轴褐枯病，部分园发生较重，影响产量和果穗质量。实验园对这两种品种采取2芽冬剪，基本没有这两种病害发生。

（四）减少肥料施用

2芽冬剪发出新梢较粗，长势较旺。果实第一膨大肥往年均施用2次，每次均施用氮、磷、钾复合肥25千克，硫酸钾15千克。

2014年因新梢粗壮，只施用一次肥，生长势较好，节省了一次肥料。品种间有差异。

二、葡萄2芽冬剪可应用的品种

（一）欧美杂种

多数品种都可应用，如夏黑、醉金香、巨玫瑰、金手指、宇选1号、黑彼特、阳光玫瑰等葡萄。只要配套技术到位，花较多，产量能稳定；如配套技术不到位，则会出现花不够而不稳产的可能。

（二）花芽分化好的欧亚种

如维多利亚、红乳、红芭拉多、黑芭拉多、夏至红、大紫王、比昂扣等品种花芽分化好，只要配套技术到位，2芽冬剪花较多，产量能稳定。

（三）花芽分化不稳定的欧亚种

如红地球、美人指及美人指系葡萄，只要配套技术到位，也可2芽冬剪，实验园已实践多年，花较多、较大。但对配套技术要求较高，如配套技术不到位，则会出现花不够而不稳产的结果。

三、2芽冬剪园的条件

（一）6叶左右及时剪梢的园可以搞，8叶以上剪梢的园不宜搞

6叶左右及时剪梢的园，基部2个冬芽营养积累较多，有利花芽分化，可以进行2芽冬剪。

8叶以上剪梢的园，基部2个冬芽营养积累较少，不利花芽分化，不宜搞2芽冬剪。

浙江嘉兴南湖区凤桥镇沈祖红园：藤稔葡萄2014年开始于开花期11叶摘心，2014年冬3芽修剪，2015年每米仅4个花，比6芽中梢冬剪每米8个花减少一半（2015.6.7）

浙江嘉兴南湖区凤桥镇沈祖红园：一行红地球葡萄2014年8叶摘心，2014年冬3芽修剪，2015年每米仅5个花，比8芽中梢冬剪每米10个花减少一半（2015.6.7）

浙江龙游县郑志义园：巨峰葡萄开始开花摘心，双芽冬剪花不够（2013.3.28）

（二）设施栽培调控好棚温的园可以搞，受过高温热害的园不宜搞

设施栽培调控好棚温的园，树体生长正常，营养积累较多，花芽分化正常，可以搞2芽冬剪。

设施栽培受过高温热害的园，对花芽分化已有影响，不宜搞2芽冬剪。

（三）适产栽培的园可以搞，超高产栽培的园不宜搞

亩产量2 000千克以下的园，树体生长正常，营养积累较多，花芽分化正常，可以搞2芽冬剪。

亩产量超过2 000千克的超高产园，树体营养消耗较多，花芽分化已受到影响，基部2个冬芽营养积累不够，花芽分化不好，不宜搞2芽冬剪。

浙江台州路桥：藤稔葡萄超量挂果，高产栽培（2004.7.4）

江西新余：巨峰葡萄超量挂果，高产栽培（2011.7.1）

广西兴安：夏黑葡萄超量挂果，亩产超2 000千克（2010.8.18）

浙江海盐：红地球葡萄超量挂果，高产栽培（2010.8.23）

浙江遂昌：美人指葡萄超量挂果，高产栽培（2011.8.25）

江苏扬州：温克葡萄超量挂果，高产栽培（ 2011.6.23 ）

（四）保好秋叶，秋季生长正常的园可以搞；秋叶早落，秋季生长不好的园不宜搞

保好秋叶，秋季生长正常的园，树体营养积累较多，有利花芽继续分化，可以搞2芽冬剪。

秋季霜霉病未防治好导致早落叶的园，秋季肥水不足叶片提早老化的园，因秋旱未及时供水导致早落叶或叶片提早老化的园，受过涝害、风害叶片受到影响的园。这类园树体营养积累少，影响花芽分化，不宜搞2芽冬剪。

秋季新梢长放的园不宜搞2芽冬剪。浙江长兴一块园，2014年第一次按6叶剪梢，一直较规范管理。但葡萄上市后放松管理，顶梢任其生长，一直弯到地面，冬季2芽修剪，2015年花量不够。因秋季新梢长放，消耗了中、下部新梢的营养，影响到基部2芽的营养积累，影响花芽继续分化。

（五）新梢径粗0.9厘米左右，全园新梢粗度相似的园可以搞；新梢径粗1厘米以上的园，全园新梢粗度不均匀的园不宜搞

新梢径粗0.9厘米左右，全园新梢粗度相似的园，冬芽饱满充

实，全园新梢花芽分化较好，可以搞2芽冬剪。

新梢径粗1.0厘米以上，基部3个芽不饱满充实，花芽分化不好，不宜搞2芽冬剪。

全园新梢粗细不均匀，有的超粗枝，有的偏细枝，花芽分化不好，不宜搞2芽冬剪。

浙江诸暨傅金松园：紫甜葡萄（欧亚种），结果母枝径粗超过1.5厘米，2芽冬剪没有花（2015.4.13）

（六）V形架结果母枝水平弯缚在底层拉丝上，较规范的可以搞，不规范的不宜搞

结果母枝弯缚在底层拉丝上较规范、较平，不高高低低，发出新梢较整齐，冬天可搞2芽修剪。

实验园：夏黑葡萄结果母枝弯缚在底层拉丝上较规范、较平，可以搞2芽冬剪（2016.1.1）

实验园：红地球葡萄结果母枝弯缚在底层拉丝上较规范、较平，可以搞2芽冬剪（2016.1.1）

结果母枝弯缚在底层拉丝上不规范、不平整，高高低低，发出新梢也高高低低，冬天就不能搞2芽冬剪。

实验园：红地球葡萄结果母枝弯缚在底层拉丝上不规范、不平整，高高低低，不能搞2芽冬剪（2015.12.30）

上述6个条件都具备可以搞2芽冬剪，其中一个条件不具备，就不宜搞2芽冬剪。

（七）单芽（底芽）冬剪不宜采用

调查到一些单芽冬剪的园，多数花量不够，少数园基本无花。

安徽宣城：单芽冬剪花少、花小（2012.2.20）

四、2芽冬剪留枝量、冬剪节位和注意事项

（一）留枝量

规范定梢的园所有枝蔓均留下。定梢量过多的园，按规范定梢量均匀留枝，剪除多余的过粗枝和过细枝。剪除没有用的老枝。

（二）冬剪节位

在第三芽节位修剪即可，将修剪下的枝蔓运出园外。不宜在2芽上部节间剪，如冬季天气干燥，上部芽因失水不能萌芽会影响花量。

特别注意：在第三芽节位修剪要将冬芽剪掉，如留下会萌发，增加抹梢用工。

（三）枝蔓较稀部位冬剪

按较稀部位情况，1～2条结果母枝6芽左右中梢冬剪，并向枝蔓较稀部位弯缚，稳定这部位花量。

于第三芽节位修剪，并将冬芽剪掉
（2014.1.5）

于第三节位修剪，冬芽未剪掉，萌发后还要剪除（2014.3.3）

枝蔓较稀部位选1条结果母枝6芽 剪除没有用的老枝（2013.12.4）
冬剪（2013.12.4）

五、冬剪部位上升后要适时调整冬剪

连续3～5年2芽冬剪，冬剪部位上升，到第一次缚梢的拉丝不到20厘米，有的不到15厘米。因此要适时调整，将冬剪部位下调至底层拉丝位置，以便下一年继续进行2芽冬剪。过3～5年再进行一次调整，可再继续进行2芽冬剪。

实验园2芽冬剪的大紫王葡萄调整冬剪实践：大紫王葡萄2006年种植，SO4砧嫁接苗，株距2米，隔株间伐一次，株距4米。2010年进行3芽冬剪实践，2013年全部采用3芽冬剪，2014年、2015年调整为2芽冬剪。现冬剪节位已上升，无法继续进行2芽冬剪。

实验园：大紫王葡萄连续3年2芽冬剪，冬剪部位上移（2015.12.19)

1.调整冬剪实践 2015年冬采用长梢、超长梢冬剪，将结果母枝调整到底层拉丝位置。分三步进行：

第一步：选留好结果母枝。选择径粗0.9厘米左右的结果母枝，长放至8芽到10芽冬剪，弯放至近底层拉丝位置。弯放时适当多留枝，因弯缚时少数枝在第二节位会弯断。

第二步：剪掉多余枝和没有用的老蔓。超粗老蔓剪不掉，用锯子锯断。

实验园：大紫王葡萄选择径粗0.9厘米左右的结果母枝，8芽至10芽冬剪，弯放至近底层拉丝位置（2015.12.19）

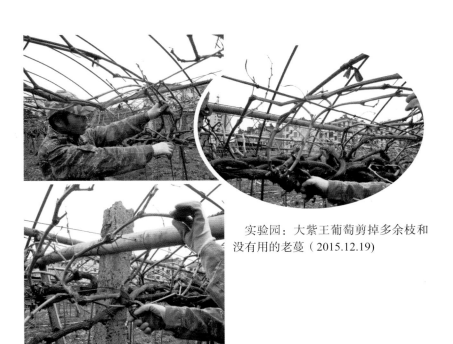

实验园：大紫王葡萄剪掉多余枝和没有用的老蔓（2015.12.19)

超粗老蔓剪不掉，用锯子锯断（2015.12.19）

　　第三步：弯缚好新形成的结果母枝。新形成的结果母枝要弯缚在底层拉丝位置，枝蔓要弯缚平。两条拉丝均有结果母枝，基本没有空当，也不能重叠。弯缚时左手握住基部第二节，轻轻弯下缚好，防止折断。弯缚好后将多余的枝剪掉。

实验园：大紫王葡萄弯缚好新形成的结果母枝（2015.12.19）

结果母枝弯缚时折断（2015.12.19）

2. 调整冬剪后的花量 长梢冬剪弯缚在底层拉丝部位，新梢结果枝率达62%，花序较多，能达到丰产型挂果量。

实验园：大紫王葡萄长梢冬剪弯缚在底层拉丝部位，新梢结果枝率高达62%（2016.3.25）

实验园：大紫王葡萄长梢冬剪弯缚在底层拉丝部位挂果状（2016.5.55）

六、巨峰系葡萄2芽冬剪要采用保果栽培

巨峰系葡萄多数品种坐果性较差，2芽冬剪发出新梢较粗，坐果比中梢冬剪要差。因此，巨峰系葡萄坐果较差的品种，搞2芽冬剪必须采用保果栽培技术，才能获得成功。以下品种不采用保果栽培不能搞2芽冬剪。

（一）保果栽培的品种

实验园种植过的巨峰系，需要进行保果栽培的品种分三类：

1. 适宜无核栽培的品种 无核剂处理起到保果效果。适宜无核栽培的品种有：醉金香、翠峰、辽峰等。

2. 适宜保果栽培的品种 适宜保果栽培的品种有：巨峰、藤稔、红富士、巨玫瑰、鄞红、龙宝、红瑞宝、伊豆锦、京超、高墨、黑奥林、紫玉、红蜜、京亚、亚宝、前峰、高妻、早甜、黑峰、黑蜜、信侬乐、香悦、峰后、夕阳红、户太8号、早巨选、黄玉、黑彼特、洛浦早生等。

3. 夏黑及夏黑芽变品种 夏黑、早夏无核等品种属三倍体，自然坐果较差，必须进行保果栽培。

（二）夏黑、早夏无核葡萄拉长花序、保果、果实膨大栽培

夏黑、早夏无核葡萄属三倍体，天然无核，花序、果穗要用相关植物生长调节剂处理3次，才能种好葡萄，获得较好的经济效益。

1. 拉长花序 花序拉长后按要求剪短，即"拉拉长剪剪短"，亩疏果用工可减至2～3个工。

实验园夏黑葡萄挂果13年，早夏无核葡萄挂果3年，拉长花序实践中发现，早夏无核葡萄对赤霉酸比夏黑葡萄敏感。

夏黑葡萄连续10多年在8叶期，即开始开花前15天左右，用5

毫克/升（1克奇宝对水40千克，有效成分含量20%）赤霉酸处理，可拉长花序1/3左右，较理想。

早夏无核葡萄2015年按夏黑葡萄用5毫克/升赤霉酸在8叶期处理，花序拉长近1倍，太长。2016年调整为10叶期处理，即开始开花前8天，1克奇宝对水50千克进行处理，还是拉得偏长。

实验园：早夏无核葡萄花序拉得太长（2015.4.22）

2年实践表明，早夏无核葡萄对赤霉酸比夏黑葡萄敏感，要调整处理时期和使用浓度。

（1）夏黑葡萄处理时期和浓度

处理时期：8叶左右定好梢即可进行花序拉长处理。时期约在开始开花前15天左右。

拉长剂选择和使用浓度：5毫克/升赤霉酸。用1克美国产赤霉酸——奇宝（有效成分含量20%），对水40千克浸花序，可拉长花序1/3左右。

如用国产赤霉酸按有效成分计算，有效成分含量75%，1克赤霉酸对水150千克。

注意：使用期推迟，要适当提高浓度。如9张叶片开花前10天左右处理，1克奇宝应对水30千克；如10张叶片开花前5～7天处理，1克奇宝应对水20千克。

（2）早夏无核葡萄处理时期和浓度

处理时期：10叶左右可进行花序拉长处理。时期约在开始开花前8天左右。

拉长剂选择和浓度：4毫克/升赤霉酸。用1克美国产赤霉酸——奇宝（有效成分含量20%），对水50千克浸花序，可拉长花序1/3左右。

如用国产赤霉酸按有效成分计算，有效成分含量75%，1克赤霉酸对水187.5千克。

注意：如花序拉得太长，在开始开花前，将花序剪短至16厘米左右，可提高坐果率，否则花序太长坐果不好，果穗太松散，影响销售品质。

实验园：早夏无核葡萄花序拉得太长，按16厘米长及时剪短花序，坐果好（左），不剪短花序坐果不好，果穗长达30厘米（右）

（3）处理方法　最好用一次性茶杯盛满赤霉酸液，一手拿杯，另一手的食指将花序轻轻弯压至药液中，花序全部浸到即可拿出，速度要快。

注意：一条新梢有2个花序，只处理下部花序，上部花序不必处理。

用5毫克/升赤霉酸液浸花序

夏黑葡萄拉长花序效果（左：短果穗未处理）

2. 保果剂、膨大剂选择

（1）宜选用果粒中等大的果实膨大剂。实验园选用"赛果美"（大果宝）进行保果和膨大处理，果粒均重7～8克，着色好，果粉厚，口感好，销售价格较高。

（2）果粒达到和超过10克的膨大剂不宜选用。因着色较差，成熟较晚，如夏黑不黑、夏黑不早、口感较差、销售价格偏低。

特别注意：氯吡脲（吡效隆）不能选用。如用氯吡脲（吡效隆）处理，果粒较大，但果粒下部着色较差，有少量青色（"一点青"），影响商品性，不宜选用。

夏黑葡萄用氯吡脲（吡效隆）处理，果粒下部着色较差，有少量青色（2013.6.27）

3. 保果剂处理

（1）重要性　夏黑葡萄是三倍体，坐果差，必须用植物生长调节剂进行保果处理；不用植物生长调节剂进行保果处理，就没有商品价值。

（2）保果时期　开始开花10天内，可行一次性处理，即于开始开花第十天左右处理。开花期超过12天，早开花的果穗就保不牢果。开花期超过12天的园要分两批处理，第一次于开始开花第十天左右处理已开好花的花穗，并做好记号，过数天处理未处理过的花穗。

（3）保果剂使用浓度　使用浓度为果实膨大处理时对水量的1倍。如"农硕"牌"赛果美"果实膨大剂——大果宝，用于果实膨大处理，1包对水5千克，用于保果处理，1包对水10千克（先用酒精溶解）

（4）处理方法　可用微喷雾器喷果穗，此时花穗小，容易喷到全穗。

（5）混配防灰霉病农药　可混配1 000倍施佳乐防灰霉病、穗轴褐枯病，效果很好。此时叶幕、果穗不必再喷防灰霉病农药。

实验园：开始开花第八天用低浓度"大果宝"喷花序保果，混配1 000倍施佳乐（2011.4.23）

实验园：右边花序未保果坐果状（2012.5.6）

未进行保果处理坐果很差。浙江天台有一片50亩夏黑葡萄园，2011年保果期内未进行保果作业，落果严重，失去商品价值，损失惨重。

第一年挂果自然坐果果穗，
穗重83克，粒重1.8克

夏黑葡萄不保果落果严重
（2012.5.4）

夏黑葡萄未保好果坐果状
（2010.6.13）

夏黑葡萄未保好果的果穗
（2010.8.25）

4. 果实膨大剂处理

（1）果实膨大剂使用浓度　实验园用"农硕"牌"赛果美"——大果宝，每包对水5千克进行处理，果粒均重稳定8克左右。

特别注意：膨大剂使用浓度不能提高，不宜使用2次，不要追求大果粒。

（2）使用时期　开始开花24天至27天处理果穗1次即可。

（3）使用方法　可用微喷雾器全穗喷到即可。

（4）混配防病农药　视果实发病情况选用农药。发生果实白粉病，混配2 000倍三唑铜；没有发病可混配1 500倍喹啉铜防护，可预防多种病害。

用膨大剂处理果穗（左）与不处理果穗（右）
（2011.5.15）

实验园：夏黑葡萄，开始开花27天用"大果宝"液浸果穗（2010.5.15）

5. 整花序、整果穗、疏果粒　夏黑葡萄要认真整花序、整果穗、疏果粒，才有可能种出精品果。

实验园：夏黑葡萄整花序，整边不整长（2011.4.13）

实验园：夏黑葡萄按16厘米长整穗（2011.5.7）

实验园：夏黑葡萄疏果（2015.5.13）

（三）醉金香葡萄两种配方无核栽培技术

1.醉金香葡萄劲娃、大果宝无核处理栽培技术

（1）劲娃无核处理

使用期：花序正常开花时，分别于开始开花第六、第八、第十天分批处理。

对水量：100毫升对水50千克。

使用方法：浸花穗，或微喷花序。

混配农药：可混配1 000倍施佳乐防灰霉病。

（2）大果宝果实膨大处理

使用期：于开始开花27天左右，果粒小花生米大时使用。

对水量：一包对水5千克。先用酒精溶解。

使用方法：浸花穗，或微喷花序。

混配农药：可混配1 500倍喹啉铜保护。

2.醉金香葡萄大果宝无核处理栽培技术

优点：不会发生僵果，果梗硬度轻，果皮涩味较轻。

遇到的问题：果粒椭圆形，果粒均重10克左右。

（1）大果宝无核处理

使用期：花序正常开花时，分别于开始开花第六、第八、第十天分批处理。

对水量：一包对水10千克。先用酒精溶解。

使用方法：浸花穗，或微喷花序。

混配农药：可混配1 000倍施佳乐防灰霉病。

（2）大果宝果实膨大处理

使用期：于开始开花27天左右，果粒小花生米大时使用。

对水量：一包对水5千克。先用酒精溶解。

使用方法：浸花穗，或微喷花序。

混配农药：可混配1 500倍喹啉铜保护。

实验园：醉金香葡萄
分3次分批保果、无核
处理（2011.4.23）

实验园：醉金香葡萄
分批保果、无核处理，
用炭素笔作记号

实验园：醉金香葡萄
用大果宝浸果穗处理，
配喹啉铜（2011.5.5）

　　3. 整花序、整果穗、疏果粒　醉金香葡萄无核栽培要认真整花序、整果穗、疏果粒，才有可能种出精品果。

　　整花序：开始开花前3天至开始开花第三天为整花序时期。用手将肩部3～4条较长花序枝梗掐短至1.0～1.5厘米长，使花序成为圆柱形。整边不整长。

实验园：醉金香葡萄
整花序（2011.4.13）

实验园：醉金香葡萄
整果穗（2011.5.2）

实验园：醉金香葡萄
疏果后每穗100粒左右

整果穗：开始开花第十八天左右，将果穗剪至16厘米长左右。

疏果粒：开始开花22天左右，果粒大、小分明时抓紧疏果粒，疏掉小果粒、过紧部位的果粒，每穗留100粒左右。

4.巨峰系其他品种无核栽培 可参照醉金香葡萄用赛果美（大果宝）处理。

（四）藤稔葡萄超大果栽培

浙江嘉兴地区藤稔葡萄较大面积采用赛果美（大果宝）保果及果实膨大处理2次，能种出果粒均重超25克，市场销售价较高，亩产值2万多元的藤稔葡萄。经10多年实践表明，赛果美（大果宝）适用于藤稔葡萄。

1.赛果美保果处理

（1）使用期 开花期12天以内的，开始开花10天左右一次性处理。开花期超过12天的要分两次处理，第一次于开始开花10天左右处理已开好花的花穗，做好记号；过数天再处理尚未处理过的花穗。

（2）对水量 每包对水10千克。先用酒精溶解。

（3）使用方法 浸花穗，或微喷花序。

（4）混配农药 可混配1 000倍施佳乐防灰霉病、穗轴褐枯病。

2.赛果美膨大处理

（1）2次使用期

第一次处理：于开始开花27～30天，果粒小花生米大时使用。

第二次处理：第一次处理后7～10天。

（2）对水量 一包对水5千克。先用酒精溶解。

（3）使用方法 浸果穗，或微喷果穗。

（4）混配农药 可混配1 500倍喹啉铜保护。

藤稔葡萄开始开花10天左右，大果宝对水10千克一次性保果处理（2011.4.23）

藤稔葡萄开始开花第二十七天左右，大果宝对水5千克浸果穗，配喹啉铜，隔7～10天再处理1次

3. 整花序、整果穗、疏果粒　藤稔葡萄要认真整花序、整果穗、疏果粒，才有可能种出精品果。

整花序：开始开花前3天至开始开花第三天为整花序时期。用手将肩部3～4条较长花序枝梗掐短至1.0～1.5厘米长，使花序成为圆柱形。整边不整长。

整果穗：开始开花第十八天左右，将果穗剪至16厘米长左右。

疏果粒：开始开花22天左右，果粒大、小分明时抓紧疏果粒，疏掉小果粒、过紧部位的果粒，每穗留50～60粒。

（五）鄞红、巨玫瑰等葡萄保果、膨大栽培

1. 好处　比不保果栽培的可提高坐果率，减少无核小果，减轻裂果，果穗完整，果粒较大，商品性较好。

实验园：藤稔葡萄整花序（2010.4.13）　　实验园：藤稔葡萄按16厘米长整穗（2014.4.28）　　实验园：藤稔葡萄每穗留果50～60粒（2014.5.10）

2. 保果、膨大剂选择　实验园实践和生产园调查，以赛果美（大果宝）较好。

3. 赛果美保果处理

（1）使用期　开花期12天以内的，开始开花10天左右一次性处理。开花期超过12天的要分2次处理，第一次于开始开花10天左右处理已开花的花穗，做好记号；过数天再处理尚未处理过的花穗。

（2）对水量　每包对水10千克。先用酒精溶解。或按使用说明书的规定配制药剂。

（3）使用方法　浸花穗，或微喷花序。

（4）混配农药　可混配1 000倍施佳乐防灰霉病、穗轴褐枯病。

4. 赛果美果实膨大处理

（1）使用期　使用1次，不宜使用2次。于开始开花27天左右，果粒小花生米大时使用。

（2）对水量　每包对水5千克。先用酒精溶解。或按使用说明书的规定配制药剂。

（3）使用方法　浸果穗，或微喷果穗。

（4）混配农药　可混配1 500倍喹啉铜保护果穗。

5. 整花序、整果穗、疏果粒　要认真整花序、整果穗、疏果粒，才有可能种出精品果。

整花序：开花前3天至开始开花第三天为整花序时期。将肩部3～4条较长花序枝梗掐短至1.0～1.5厘米长，使花序成为圆柱形。整边不整长。

整果穗：开始开花第十八天左右，将果穗剪至16厘米长左右。

疏果粒：开始开花第二十二天左右，果粒大、小分明时抓紧疏果，疏掉小果粒、过紧部位的果粒，每穗留70～80粒。

6. 其他巨峰系葡萄保果、膨大栽培　如黑彼特（黑色甜菜）、黄玉等品种可参照进行管理。

（六）阳光玫瑰葡萄无核、膨大栽培

实验园2012年开始种植，2013～2016年挂果，采用保果无核、膨大栽培。

1. 无核剂、膨大剂选择和使用

（1）无核剂、膨大剂选择　2015年较广泛调查浙江、江苏、河南等地阳光玫瑰葡萄无核剂、膨大剂使用情况。2016年实验园选用较好的配方，从坐果、膨大看效果较好，特推荐。

无核剂：赤霉酸25毫克/升，或氯吡脲（吡效隆）1.25毫克/升，即20%的美国产奇宝1克+四川施特优公司生产的0.1%氯吡脲（吡效隆）一包10毫升，对水8千克。

膨大剂：赤霉酸25毫克/升，或氯吡脲（吡效隆）3毫克/升，即20%的美国产奇宝1克+四川施特优公司生产的0.1%氯吡脲（吡效隆）2.5包25毫升，对水8千克。

（2）无核剂使用

使用期：一串花穗开完花第三天处理，隔1天再处理第二批开完花的花穗，再隔1天处理开完花的其他花穗，直至全园的花穗处理完。开花期天气正常、开花正常的园，于开花第八天、第十天、第十二天处理。

使用方法：浸花穗或微喷花穗。处理完后剪掉上部预留的分枝。

混配防灰霉病农药：可混配1 000倍施佳乐，或600～800倍丙硫唑。

实验园：用赤霉酸25毫克/升，氯吡脲（吡效脲）1.25毫克/升，混配1 000倍嘧霉胺浸果穗（2016.4.22）

（3）膨大剂使用

使用期：开始开花第27天左右处理。果粒纵径约1.2厘米、横径约0.8厘米时使用膨大剂。

使用方法：浸花穗或微喷花穗。

混配农药：可混配1 500倍喹啉铜保护。

2. 花序不能拉长　实验园2014年对阳光玫瑰葡萄进行保果无核栽培，8叶期用5毫克/升赤霉酸拉长花序，由于阳光玫瑰葡萄对赤霉酸很敏感，花序拉得太长，结果保果栽培成熟果穗太松散，商品性降低。因此，阳光玫瑰葡萄不宜花序拉长。

实验园：阳光玫瑰葡萄膨大剂处理时果粒大小，膨大剂液中混配1 500倍喹啉铜保护（2016.5.12）

↑顶端分枝留下作为记号

剪掉的分枝→

←留6厘米左右长的花序

3. 重整花序、认真整穗、多次疏果　阳光玫瑰葡萄不宜采用果穗超1 000克的大果栽培，更不能进行超1 500克的超大果栽培，否则极易产生小粒僵果。

调查阳光玫瑰葡萄种得较好的园，均采用重整花序，认真整穗，多次疏果技术。

（1）重整花序　开始开花前重整花序，先剪掉尖部1厘米左右，再按花序尖部留6～8厘米，上部分枝全部剪掉，大花序剪掉多、留下少，以使成熟果穗

阳光玫瑰葡萄开花前重整花序模式图（杨治元，2015.9）

长20厘米左右，穗重700～800克。

重整花序时，将最上部的一条分枝留下，作为记号。无核剂分批处理时，处理好的花穗，同时摘掉最上部留下的这条分枝标记，表明这个花穗已处理过，不必另做记号。

2016年实验园阳光玫瑰葡萄于开始开花期4月12日整花序，剪掉穗尖1厘米左右，按尖部留6厘米、7厘米、8厘米、9厘米、10厘米5种处理，最上部留1条分枝，其余均剪除。

实验园：阳光玫瑰葡萄开始开花整花序6厘米与坐果后的果穗（2016.4.15 / 2016.5.4 / 2016.5.15）

实验园：阳光玫瑰葡萄开始开花整花序8厘米与坐果后的果穗（2016.4.15/ 2016.5.4 / 2016.5.15）

整花序后22天，即5月4日调查5种处理坐果后果穗长度，分别为10.6厘米、12.3厘米、13.6厘米、15.1厘米与16.5厘米，比整花序时长度分别增加4.6厘米、5.3厘米、5.6厘米、6.1厘米与6.5厘米，分别增加了76.7%、75.7%、70.0%、67.7%与65.0%，平均70.0%。

（2）认真整穗　重整花序的园还要认真整穗。实验园2016年整花序长度不同，坐果后果穗长度、宽度也不同。按6厘米、7厘米、8厘米整花序的穗，坐果后果穗长14厘米以下，上部2条分枝多数较长，穗宽超过10厘米，最宽的达18厘米。因此，这类果穗

实验园：阳光玫瑰葡萄重整花序后的果穗，少数穗宽15厘米以上（2016.5.5）

实验园：阳光玫瑰葡萄按6厘米整花序坐果后的果穗（2016.5.5）

实验园：阳光玫瑰葡萄按8厘米整花序坐果后的果穗，上部分枝偏长的剪掉偏长的果粒（2016.5.4）

要认真整穗。整穗时，整边不整长，上部较长分枝留1挡果粒，约4厘米6粒果，剪掉过长部位的果粒。整穗后的穗型从圆锥形成为圆柱形，穗宽8厘米左右。

实验园：阳光玫瑰葡萄坐果后整好的果穗，穗宽8厘米左右（2016.5.5）

按9厘米、10厘米整花序的穗，坐果后果穗长超过14厘米，按14厘米长将果穗剪短，上部较长分枝留1挡果粒，约4厘米6粒果，剪掉过长部位的果粒。整穗后的穗型从圆锥形成为圆柱形，穗宽8厘米左右。

（3）多次疏果　重整花序、认真整穗的园，处理好膨大剂后即进行疏果，主要是疏小粒果。如产量偏高，果重偏大，或树体长势不旺，坐果后直至果实第二膨大期，还会发生小果粒。发现较小的果粒，及时、多次剪掉，一颗都不留。因这种小粒僵果降低商品性。

实验园：阳光玫瑰葡萄整边后的果穗，穗长超过14厘米的再按14厘米长整穗（2016.5.6）

实验园：阳光玫瑰葡萄第一次
疏果（2016.5.15）

实验园：阳光玫瑰葡萄果实硬核
期第二次疏果，疏掉小粒果

　　实验园阳光玫瑰葡萄按6厘米、7厘米、8厘米整花序，第一
次疏果后的果穗。

　　阳光玫瑰葡萄重整花序，认真整穗，认真疏果的果穗。

按6厘米整花序，第
一次疏果后的果穗
（2016.5.15）

按7厘米整花序，第
一次疏果后的果穗
（2016.5.15）

按8厘米整花序，第
一次疏果后的果穗
（2016.5.15）

浙江嘉兴秀洲区陈方明园：阳光玫瑰葡萄开花前重整花序的果穗（2015.8.10）

江苏南通奇园：阳光玫瑰葡萄开花前花序尖部留6厘米花蕾，上部分枝全部剪掉的果穗（2015.7.19）

七、先试验再应用

南方葡萄2芽冬剪配套技术要求较高，缺乏实践经验不能盲目采用，且仅一年实践不行。上海金山区吕巷镇有几位果农，2013年到实验园考察，认为2芽冬剪省工，2014年少量实践较成功，花较多，认为技术已掌握，2015年扩大2芽冬剪面积，结果花量不够。

因此，各品种至少经2年较小面积实践，认定2芽冬剪配套技术已掌握才可较大面积应用。不能急，尤其是在花芽分化不稳定的红地球、美人指等葡萄上的应用更要慎重。

第九章
葡萄三种病虫害

笔者编著的《彩图版222种葡萄病虫害识别与防治》一书，已由中国农业出版社于2016年1月出版。但葡萄溢糖性霉斑病、葡萄溃疡病、黑刺粉虱三种病虫害未编入，现编入本书中。

一、葡萄溢糖性霉斑病

（一）发病情况

2010年浙江宁波鄞州区王鹤鸣园鄞红葡萄果实上发生此病，当时误认为是白粉病，用防白粉病农药无效果。

2013年浙江浦江巨峰葡萄上发生此病。

2014年浙江嘉兴南湖区巨峰葡萄上发生此病。

2015年浙江海宁盐官镇杭褚芬20亩红地球葡萄、秋红葡萄、超藤葡萄发生此病。

浙江湖州织里黄官荣18亩巨峰葡萄，2012年开始发生此病，一年重一年，2015年普遍发生。

浙江杭州市萧山区多个品种均发生此病。

（二）症状

葡萄果实第二膨大期后期，果实、果柄、果梗上发生白色霉状物，成点状稍突起，点状物多数芝麻大，开始较分散，尔后点状物增加，严重的果面上成片。白色小粒点用手抹不掉。与白粉病症状完全不同。

（三）为害

果面上发生此病，严重影响葡萄销售。杭褚芬20亩红地球等葡萄均发生此病，每千克果实4元没有人购买。

欧美杂种溢糖性霉斑病症状（晁无疾）

浙江湖州织里黄官荣园：18亩巨峰葡萄溢糖性霉斑病症状（2015.10.5）

浙江海宁盐官镇杭褚芬园：10亩红地球葡萄溢糖性霉斑病症状（2015.9.30）

浙江海宁盐官镇杭褚芬园：5亩秋红葡萄溢糖性霉斑病症状（2015.10.10）

果粒上的白色病斑，用水冲不掉，放在水中用手能抹掉。数量不多的病果可将果穗放在水中用手抹掉病斑，果实干燥后可销售。此病不影响食用。

（四）发病原因

果实第二膨大期后期，果实、果梗、果柄从气孔中分泌出糖分（称溢糖性），被空气中霉菌感染而发病。

果粒大的品种气孔也较大，易发生此病。果实用膨大剂处理，果粒增大，气孔相应增大，易发此病。发病期葡萄园湿度大，霉菌易感染，易发此病。

（五）防治

当葡萄园少数果实出现病症时，果实喷600倍高锰酸钾液能杀死病菌，起到较好的防治效果。

浙江海宁盐官镇杭褚芬，在红地球葡萄、秋红葡萄发病果穗上喷600倍高锰酸钾，喷后果穗此病不发展，没有喷过的果穗病斑在增加，表明有控制发病的效果。

高锰酸钾

海宁杭褚芬园：在秋红葡萄发病果穗上喷600倍高锰酸钾液（2015.10.10）

二、葡萄溃疡病

葡萄溃疡病发生较普遍，美国、匈牙利、法国、新西兰、南非、日本、智利等国都有发生为害。

我国最早于2009年在浙江、江苏、广西、山西、北京、天津及河北等地发生此病，至2015年大部分葡萄产区都有发生。

（一）症状

葡萄溃疡病是葡萄上枝干病害，可引起枝干、穗轴变褐干枯。

枝蔓发病：表现枝蔓干枯，树势衰弱或枝蔓枯死。

果穗发病：表现穗轴逐步枯萎，到发病后期整穗葡萄只要轻轻一抖，枯萎小穗轴上发软的葡萄颗粒都会掉落。

葡萄溃疡病（晁无疾）　　　大紫王葡萄溃疡病：果梗干枯（2010.8.24）　　美人指葡萄溃疡病：果梗干枯（2005.7.16）

葡萄白腐病与溃疡病的区别：果穗白腐病果梗干枯，果粒会腐烂。果穗溃疡病果梗干枯，果实不腐烂。

大紫王葡萄果实白腐病：果梗干枯，果粒腐烂（2011.7.13）

（二）病原

病原菌为真菌座腔菌，在我国引发葡萄溃疡病的病原已被鉴定的葡萄座腔菌科真菌有4种。

（三）越冬与传播

病原菌可在病枝、病果等病组织上越冬。主要通过雨水或灌溉水传播。病菌从伤口或自然孔口侵入。

（四）发生期与发病条件

主要在果实膨大期至成熟期发病。与果实白腐病相似。

（五）防治

开始发病时可用25%嘧菌酯悬浮剂2 000倍液，或10%苯醚甲环唑水分散粒剂2 000倍液，或25%丙环唑乳油4 000倍液喷防。

三、黑刺粉虱

又名：桔刺粉虱、刺粉虱、黑蛹有刺粉虱，属同翅目粉虱科。

（一）分布

北京、湖北、浙江、福建、云南、广东、广西等地有发生。该虫寄主范围广泛，为害多种果树，主要为害茶树、柑橘和葡萄。

（二）形态特征

成虫：体长1.0～1.5毫米，腹部为橙黄色或橘红色。前后翅均为紫褐色，前翅上覆有白色蜡粉，周缘有7个白斑，后翅淡褐色无斑，复眼红色。

卵：长0.21～0.26毫米，长椭圆形，稍弯曲，乳白色至黄褐色，附于叶背。

幼虫：黑色，共3龄，初孵时扁圆形，无色透明，后渐变为灰色至黑色，有光泽，并在体躯周围分泌一圈白色的蜡质，体背上有白色刺毛。

蛹：长0.8～1.0毫米，近椭圆形，黑色，蛹壳边缘齿状，背部显著隆起，胸部有9对刺毛，腹部有刺10对且向上竖起。

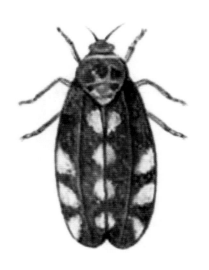

黑刺粉虱成虫

黑刺粉虱卵

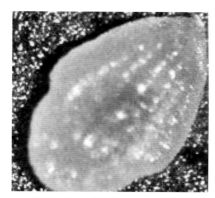

黑刺粉虱初孵幼虫

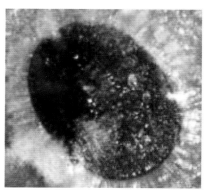

黑刺粉虱老熟幼虫

（三）发生规律及生活习性

年发生世代数由北向南逐渐增加。河南、山东1年4代，湖北、浙江、福建、云南1年4～5代，广东、广西1年5～7代，有世代重叠现象。

黑刺粉虱既能进行两性生殖，也能进行孤雌生殖，但以两性生殖为主，且孤雌生殖后代均为雄虫。

成虫均在上午羽化。以晴天上午8～9时，或下午日落前后活动最盛，雨水或露水未干前基本不活动，若虫多在卵壳附近活动吸食。

（四）为害特点

北京调查，7月初开始发生，8月下旬至9月份达发生高峰。幼虫通常栖居于葡萄中、下部叶片背面，刺吸汁液。成虫、若虫排泄的蜜露均可诱发煤污病，阻碍葡萄光合作用，导致叶片慢慢变黄或红褐色，严重时引起整株叶片干枯并脱落。

叶片干枯脱落

诱发煤污病

（五）发生条件

一般在25～30℃、相对湿度90%以上环境条件下有利发生。

种植密度大，蔓叶多，通风透光差，园内湿度大有利发生黑刺粉虱为害。由于虫体小，为害隐蔽，难以发现，导致防治失时。

（六）综合防治

1. 农业防治　合理定梢量，园内通风透光好，可以降低虫口密度。

2. 生物防治　黑刺粉虱已知天敌有80多种，天敌昆虫主要有长角广腹细蜂和粉虱黑蜂。防控黑刺粉虱的微生物主要有韦伯虫座孢菌和球孢白僵菌。

3. 物理防治　黑刺粉虱有趋光、趋色的习性，在葡萄园内放置黑刺粉虱性信息素诱捕器和悬挂黄色色扳，可收到良好的防治效果。

4. 农药防治　吡虫啉、噻虫嗪、阿维菌素、噻嗪酮、螺甲螨酯、唑虫酰胺等均有较好效果，在幼虫孵化期用药效果好。

图书在版编目（CIP）数据

彩图版葡萄6叶剪梢2芽冬剪配套栽培新技术 ／ 杨治元，王其松，陈哲编著．—北京：中国农业出版社，2017.1（2019.11重印）

ISBN 978-7-109-22356-1

Ⅰ．①彩… Ⅱ．①杨… ②王… ③陈… Ⅲ．①葡萄栽培 Ⅳ．①S663.1

中国版本图书馆CIP数据核字（2016）第272807号

中国农业出版社出版

（北京市朝阳区麦子店街18号楼）

（邮政编码 100125）

责任编辑　孟令洋　郭晨茜

北京通州皇家印刷厂印刷　新华书店北京发行所发行

2017年1月第1版　2019年11月北京第3次印刷

开本：880mm×1230mm 1/32　印张：8.5

字数：250 千字

定价：50.00 元

（凡本版图书出现印刷、装订错误，请向出版社发行部调换）